2019

重大科学问题和
工程技术难题

中国科学技术协会　主编

中国科学技术出版社
·北 京·

图书在版编目（CIP）数据

2019 重大科学问题和工程技术难题 / 中国科学技术协会

主编 . —北京：中国科学技术出版社，2019.8

ISBN 978-7-5046-8331-1

I. ① 2… Ⅱ. ① 中… Ⅲ. ① 科学研究工作—概况—中国

Ⅳ. ① G322

中国版本图书馆 CIP 数据核字 (2019) 第 151579 号

责任编辑	韩　颖　高立波　冯建刚
封面设计	中文天地
责任校对	焦　宁
责任印制	李晓霖

出　　版	中国科学技术出版社
发　　行	中国科学技术出版社有限公司发行部
地　　址	北京市海淀区中关村南大街 16 号
邮　　编	100081
发行电话	010-62173865
传　　真	010-62173081
网　　址	http://www.cspbooks.com.cn

开　　本	787mm×1092mm　1/16
字　　数	90 千字
印　　张	7
版　　次	2019 年 8 月第 1 版
印　　次	2019 年 8 月第 1 次印刷
印　　刷	北京长宁印刷有限公司天津分公司
书　　号	ISBN 978-7-5046-8331-1/ G · 811
定　　价	49.00 元

2019重大科学问题和工程技术难题

学术组织机构

作者（按姓氏笔画排序）

马婷婷	王 飞	王光辉	王 旭	孔令义	龙 斌
朱新广	刘飞香	刘书杰	那顺布和	李 中	李玉同
李清平	何祖华	张 杰	季向东	赵立金	郝海平
胡 平	冒加友	钟义信	俞 立	闻 悦	姜建娜
费宇彤	秦四清	袁建宇	徐明岗	徐 悦	黄江川
梅勇兵	盛政明	崔光磊	寇 伟	彭正阳	程 军
鲍 岚	蔡巧言				

专家委员会（按姓氏笔画排序）

马福海	王一然	王国辰	方祖烈	史玉波	孙咸泽
李 骏	李德毅	吴 季	陈晓亚	陈晔光	林左鸣
金红光	周晓林	胡义萍	姚建年	詹文龙	

秘书组（按姓氏笔画排序）

马成贤	王 希	王 焯	王红杰	牛景蕊	申志铎
安向阳	孙文虹	杜 勇	杨振荣	时 蓬	谷冬梅
宋娟娟	张 超	张霄潇	陈 扬	林晓静	周 丽
姜建娜	贾晓丽	鞠华俊			

前言

　　习近平总书记在"科技三会"上讲话时指出："综合判断，我国已经成为具有重要影响力的科技大国，科技创新对经济社会发展的支撑和引领作用日益增强。同时，必须认识到，同建设世界科技强国的目标相比，我国发展还面临重大科技瓶颈，关键领域核心技术受制于人的格局没有从根本上改变，科技基础仍然薄弱，科技创新能力特别是原创能力还有很大差距。"

　　提出有价值的问题对于科学发展及其推动经济社会发展尤其具有意义。科学发展就是不断地始于问题和终于问题的过程，同时也是科学概念、科学定律和科学理论不断地形成和增长的过程。原中国科协主席、中国科学院院士周光召指出，科学问题，特别是科学难题的提出、确认和解决，构成了科学自身发展的内在动力。提出科学问题，尤其是提出概念清晰的难题，更能对科学进步起到真正的推动作用。科学问题和难题往往蕴藏在科学理论与科学实验之间、不同理论之间的冲突之中，而标志科学前沿、代表科学发展方向的重大科学问题和难题，往往出现在科学自身发展的逻辑和社会需求的交汇点上。跨门类科学间即多学科间的交叉产生的科学难题，对于科学系统的整体发展，无疑具有更重大的意义。

为研判未来科技发展趋势、抓住科技创新突破口、前瞻谋划和布局前沿科技领域与方向，推动世界科技强国建设，2019 年中国科协组织全国学会及学会联合体开展了重大科学问题和工程技术难题征集发布活动，产生了强烈的社会反响。此次征集发布活动，共收到 81 家全国学会及学会联合体提交的 463 个问题难题。736 位科技工作者参与撰写、1527 位专家学者参与推荐、7079 名科研一线科学家参与线上初选、124 名学科领军专家参与复选线上投票、52 名专家参与复选现场评议、27 名院士专家参与终选，最终 75 个问题难题入选进入 2019 重大科学问题与工程技术难题库，20 个对科学发展具有导向作用、对技术和产业创新具有关键作用的前沿科学问题和工程技术难题，于 2019 年 6 月 30 日在第二十一届中国科协年会闭幕式上发布。

此次评选特色鲜明。一是活动由中国科协组织全国学会及学会联合体面向广大科技工作者广泛征集，"自下而上"推荐，具有鲜明的科协组织特色；二是活动参与面广泛，所征集的问题难题覆盖理、工、农、医等各领域，学科覆盖面全。三是发布的重大问题难题多属交叉、跨界、融合的领域，问题难题具有创新性、引领性、前瞻性，既反映我国科研一线工作者的关注热点，又体现国家科技发展战略方向。《2019 重大科学问题和工程技术难题》一书，即是在此次征集发布活动相关内容的基础上汇编而成的。

中国科协名誉主席、中国科学院院士韩启德提出，中国科协重大科学问题和工程技术难题的发布，既和当下的国计民生息息相关，又有面向未来的战略意义。这些问题和难题的发布再一次证明，我国的科技创新能力正从"量的积累"向"质的飞跃"转变、从"点的突破"向"系统能力提升"转变。未来，让我们一起见证这些问题和难题的突破！

中国科协党组书记、常务副主席、书记处第一书记，中国科学院院士怀进鹏在第二十一届中国科协年会闭幕式上致辞时提出，要放眼世界大变局，深刻理解科技创新的价值、学术交流的价值、开放合作的价值，从战略和全局高度研判并识别问题、识别机遇、识别挑战，担当起创新与振兴的时代使命，推动以科技支撑共建繁荣世界。

重大科学问题和工程技术难题征集发布活动是中国科协瞄准世界科技前沿、抢占世界学术高地的重要举措，也是中国科协期望借此动员引领全国学会加强智库建设、提高服务科学决策能力的品牌活动。今后，中国科协将有效整合和深度挖掘学术资源，紧盯世界科技前沿领域，遴选世界各国共同关注的重大科学问题，并与世界各国科学家、科研机构、企业等共同合作开展科技攻坚，为全人类的繁荣进步、可持续发展贡献力量。

目　录

1 暗物质是能探测到的基本粒子吗

中文题目	暗物质是能探测到的基本粒子吗
英文题目	Is Dark Matter a Detectable New Elementary Particle
所属类型	前沿科学问题
所属领域	粒子物理 / 天体物理
所属学科	物理学
作者信息	季向东　上海交通大学
推荐学会	中国物理学会
学会秘书	谷冬梅
中文关键词	暗物质粒子；直接探测；空间卫星探测
英文关键词	dark matter particles；direct detection；space satellite detection
推 荐 专 家	王贻芳　中国科学院院士，中国科学院高能物理研究所所长

专家推荐词

暗物质很可能是一种未知的、相互作用非常微弱的基本粒子，可以建造超级灵敏的粒子探测器来进行研究。暗物质粒子一旦被发现，将成为人类科学史上具有划时代意义的重大成就，会对未来粒子物理与天体物理的发展产生巨大影响。

问题背景

近百年的天文观测显示，宇宙中存在着大量的、看不见摸不着的暗物质，它们比普通的可见物质多五倍以上。在银河系里，暗物质形成一个巨大的晕，将银盘包围起来，使得恒星绕银心的转动速度远超预期。如果没有暗物质，银河系将会分崩离析。暗物质到底是什么？它是否像普通物质一样，是一种新的基本粒子？如何通过实验来探测到这样的粒子？暗能量与暗物质的属性是物理和天文学家公认的 21 世纪最重要的科学谜团，其挑战性类似于 100 年前被称为 20 世纪初物理学中的两朵"乌云"，很有可能孕育出新的物理学重大发现。

近年来，美国和欧洲科学界纷纷布局，提出自己的路线图，期望在暗物质探测问题上抢先取得突破，做出奠基性的贡献。中国科学界对暗物质研究的重要性也有了共识。中国科学院在 2009 年发布的"创新 2050：科学技术和中国未来"战略研究系列报告中提出可能出现革命性突破的 4 个基本科学问题：暗物质、暗能量被列为第一。该报告指出："揭开暗物质、暗能量之谜，将是人类认识宇宙的又一次重大飞跃，可能导致一场新的物理学革命。为此，需投资建设几项关键性的探测暗物质、暗能量的重大实验装置，以取得第一手实验数据，在国际竞争中处于主导地位。"

关键突破点

暗物质粒子探测和相互作用研究目前主要有三种方法：① 直接探测。通过建造一个超级灵敏的探测器，放于很深的地下（屏蔽宇宙线），太阳轨道附近的暗物质粒子流与探测器碰撞会产生可观测的信号。该方法需要一个体量很大但本底很低的探测器。②间接探测。大量暗物质粒子在银河系中心会有一定的概率湮灭成为可见物质，这些额外的物质可通过空间或地球上的高能粒子探测器探测到。但确定这些信号的来源比较困难，必须对银河系中的天体物理过程有比较详细的了解。③暗物质在高能加速器中产生。这是当前世界上最高能量加速器LHC上最重要的研究课题之一。

在过去10年里，国际上暗物质探测方面的进展迅速，中国团队也奋起直追，已经达到国际水平。在直接探测方面，美国LUX与CDMS合作组以及欧洲XENON合作组，在大质量与轻质量暗物质探测方面均取得过最好灵敏度的探测。在中国锦屏地下实验室，PandaX合作组在2016、2017年连续取得大质量暗物质的国际最好探测结果；CDEX合作组在轻质量暗物质探测方面也有重要进展。在空间探测方面，丁肇中先生带领的AMS-2合作组在高能正电子谱探测方面取得重要成果；我国"悟空号"卫星上的DAMPE探测器对电子正电子谱的测量也发现了重要的异常现象，引起科学界的高度关注。

目前，美国LZ合作组和欧洲XENON合作组正在研制7吨级的液氙探测实验，CDMS也在研制百千克级的半导体探测器。中国PandaX合作组正在研制一个相当规模的液氙实验，争取将灵敏度迅速提升1~2个数量级，对在DAMPE电子谱看到的1.4TeV暗物质疑似区寻求直接验证。我国CDEX合作组也在研制百千克级的高纯锗实验。在今后3~5年，中国科学家团队将持续实现与国际最高水平的并跑。

一个能对暗物质粒子属性做出决定性判断的终极探测实验是一个百吨级的液氙实验和吨级的半导体探测实验。这是一个国际大科学计划，能在今后 5~10 年内实现。在该水平上，必须联合国际上 500 到 800 名暗物质探测科学家，将经费、队伍和经验聚集在一起，找到一个环境最优秀的实验室开展工作。中国的锦屏极深地下实验室可以提供这些条件。中国的暗物质科学家有经验、也有能力来牵头开展这样一个国际大科学计划。

在实现终极直接探测的同时，迅速开展卫星暗物质探测 DAMPE 的二期工作，将电子能谱探测统计量提高 1 个数量级以上，这些工作也能在 5~10 年内完成。

战略意义

暗物质粒子一旦被发现，将成为人类科学史上具有划时代意义的一项重大成就，对粒子物理与天体物理的发展产生巨大影响。暗物质粒子的存在以及与普通物质的相互作用将表明粒子物理标准模型的缺陷，为新物理指明方向。在新物理理论中，暗物质很可能与基本粒子质量的起源有关，也可能与几种基本相互作用的统一有关。

暗物质研究是一个跨世纪的项目，实验上探测到暗物质仅仅是第一步。接下来，物理学家需要研究暗物质的种类、质量、内禀量子数及相互作用等。一旦暗物质的相互作用被测量，我们将可以精确计算暗物质在星系和宇宙中的分布和演化的动力学过程，这对天文学有非常重要的影响。

暗物质探测需要研究最灵敏的探测器。这些探测器技术对于其他方面的应用将可能产生重大影响。如：液氙探测器在医学探测上有重要应用；高纯锗探测器的研发将大大降低成本，提升其在核探测、核监控领域的实际应用价值。我国科学家牵头开展这些研究将对实现相关高精尖技术的国产化起到重要的推动作用。

2 对激光核聚变新途径的探索

中文题目	对激光核聚变新途径的探索
英文题目	Search for New Schemes of Laser Fusion
所属类型	前沿科学问题
所属领域	数理科学
所属学科	物理学

作者信息　　李玉同　中科院物理所

　　　　　　　盛政明　上海交通大学

　　　　　　　张　杰　中科院、上海交通大学

推荐学会　　中国物理学会

学会秘书　　谷冬梅

中文关键词　高功率激光；惯性约束核聚变；国家安全；能源

英文关键词　high power lasers；inertial confinement fusion；national security；energy

推 荐 专 家　詹文龙　中国科学院院士，中国物理学会理事长

专家推荐词

激光核聚变的成功实现将有望解决困扰人类多年的能源问题，还可用

于模拟核武器相关过程，可带来巨大的经济与社会效益，并保障国家安全。

问题背景

能源不仅是经济发展的命脉，也是国家安全的重要保证。美国、欧洲、日本等发达国家的繁荣，正是建立在对能源巨大消耗的基础之上的；国家之间的许多利益争端，其核心实质上是对能源资源的争夺。以煤炭、石油等化石为主体的能源不可再生，已面临着逐渐枯竭的忧虑。从长远来看，核能是解决人类能源问题的终极方案之一。与裂变核能相比，聚变核能由于不存在重核素的核污染，因此不仅是一种安全、洁净的高能值能源，而且由于所需氘氚燃料在地球上储藏丰富，可谓用之不竭。

20 世纪 60 年代初，苏联科学家巴索夫和我国科学家王淦昌先生分别独立提出了利用激光实现核聚变反应（即 ICF）的设想。其基本原理是把多路高能量密度的激光束球对称聚焦后直接辐照（或将激光束聚焦到黑腔内壁转换为 X 射线后间接辐照）由氘氚燃料制成的微型靶丸，实现烧蚀氘氚等离子体的向心聚爆，在惯性约束的时间内达到劳森判据对核聚变反应所要求的极高温度与密度，实现氘氚燃料的核聚变点火和持续燃烧。ICF 研究不仅对于解决人类能源问题意义重大，而且对于国家战略安全也至关重要。因此，美国等核大国均非常重视在实验室中开展激光核聚变研究，并给予长期的高强度投入。

目前实现 ICF 主要有间接驱动和直接驱动两条研究路线。间接驱动是将高能量密度激光能量聚焦注入到圆柱形黑腔内壁上，通过产生的 X 射线，均匀烧蚀黑腔中心的氘氚燃料，产生向心聚爆。而直接驱动是利用高能量密度激光直接烧蚀球形氘氚燃料，产生向心聚爆。自 1996 年开始，美国耗资 35 亿美元，倾全国科技之力，历时 10 多年建成了美国国家点火装置（NIF），目标是通过间接驱动的研究路线实现激光聚变点火。NIF 是人类历史上规模最大的光学工程，其工程精密程度和重要关键技术的先进程度都达到或超过了设计指标。然而，由于 ICF 物理过程中高度复杂的内禀物理困难，NIF 建成后虽然经过十多年的高强度研究，至今仍然没有能够实现聚变点火。

针对美国 NIF 在间接驱动研究的现状，美国能源部发布了《2015 年惯性约束聚变与高能密度科学评估报告》。报告中提到：除非有不可预见的技术突破，否则以 NIF 激光装置目前的能力，在近期实现点火是不太可能的，在中期实现点火也具有相当的不确定性。与间接驱动研究路线相比，直接驱动研究路线具有更高的激光到核燃料的能量耦合效率、更低的点火阈值和更高的能量增益。因此，近年来在 NIF 间接驱动研究路线遇到巨大障碍之后，直接驱动研究路线吸引了越来越多的关注。

在直接驱动研究方面，受 NIF 装置的几何排布和靶场结构的巨大制约，美国目前主要依托罗切斯特大学的 OMEGA 激光装置开展直接驱动研究。但由于 OMEGA 激光装置的总能量较低，不能进行真正意义的点火研究，只能通过定标关系外推有关结论。与此同时，欧盟主要国家也在积极开展包括冲击点火在内的直接驱动相关研究，但是欧洲目前也不具备实质性开展直接驱动相关研究的大型激光装置。

关键突破点

自 2010 以来，美国利弗莫尔国家实验室的科学家进行了多次实验，虽然在最新的实验中产生了 1.9×10^{16} 个中子，聚变能达到了 54kJ，但距离实现真正的点火和增益大于 1 的目标还有难以预估的距离。下面列举激光核聚变研究面临的部分关键挑战和物理问题：

(1) 入射激光总能量转化为靶丸内爆能量的效率太低，如何提高转化效率？

(2) 现有 ICF 聚爆过程中密度压缩和温度提升是耦合在一起的，能否将压缩过程与加热过程分离？

(3) 激光等离子体相互作用不稳定性不仅造成激光能量的散射，而且可能会由于超热电子的预热导致压缩困难，能否有效控制激光等离子体相互作用过程中不稳定性？

(4) 在球对称聚爆过程中，能否有效控制等离子体流体力学不稳定性的非线性增长？

针对以上物理问题，我国科学家提出了独具特色的激光聚变点火新方案，在激光 – 靶丸耦合效率、辐照均匀性、不稳定性抑制等方面均具有一定的优势，有望成为实现 ICF 聚变点火的新途径。这些独具特色的点火方案为激光聚变研究提供了全新思路，有望对解决目前 ICF 研究遇到的困难和关键问题起到重要作用。

战略意义

从长远角度来看，激光聚变的成功将一劳永逸地解决人类能源问题，为我们带来巨大的经济和社会效益，同时，激光聚变研究也对国家战略安全意义重大。

在美国 NIF 间接驱动技术方案没有实现真正点火、欧盟直接驱动技术路线进展缓慢的国际形势下，我国科学家提出了独具特色的点火方案。这些方案在提升激光 – 靶丸耦合效率、辐照均匀性、抑制不稳定性等方面均具有一定的优势，为国际 ICF 研究注入新的活力，有望成为实现激光聚变点火的有效途径。

为探索点火新途径研制的高功率激光实验装置将成为国际上直接驱动激光聚变研究的重要平台之一。该平台不仅可以进行激光核聚变新途径的研究，还可以为高能量密度物理等领域提供先进的研究手段，这将会极大地带动我国的高能量密度物理发展，提升我国在该领域的核心竞争力。

3 单原子催化剂的催化反应机理

中文题目 单原子催化剂的催化反应机理

英文题目 Catalytic Mechanism of Monoatomic Catalysts

所属类型 前沿科学问题

所属领域 催化

所属学科 化学

作者信息 寇　伟　北京化工大学

推荐学会 中国化学会

学会秘书 鞠华俊

中文关键词 单原子；催化剂；反应机理；催化反应

英文关键词 monoatomic；catalyst；reaction mechanism；catalytic reaction

推 荐 专 家 徐联宾　北京化工大学教授

专家推荐词

该问题的突破，将进一步丰富催化领域的理论知识，指导新型催化剂的设计、研发以及制备，拓宽催化剂的应用范围。有助于实现物质"原子经济性"，对催化及相关领域有重大贡献，或将伴随新兴研究领域的出现。

问题背景

社会发展至今，人类的衣食住行均离不开化学工业，而化学工业生产中，催化过程占全部化学过程的 80% 以上。现代化学、石油、能源和制药工业以及环境保护领域等广泛使用催化剂生产化学品和净化环境。因此，催化科学技术对国家经济、环境和生活起着关键作用。21 世纪以来，纳米科学的发展更新了人们对催化剂的认识，产生了"纳米催化"的概念，由于纳米催化剂颗粒尺寸小，表面与体积比的分数大，表面原子的键态和电子态与晶体内部不同，原子配位不饱和导致催化剂表面反应活性位增加。随着纳米科学的发展，人们认识到催化剂活性组分颗粒尺寸减小所带来的尺寸效应对于催化反应具有极大的影响。催化工作者不断的努力，致力提高催化剂的性能。如今"单原子催化"的概念被提出，其具有催化活性好、选择性高、原子利用率高等诸多优点。单原子催化也成为催化领域研究工作者关注的热点。经过几年的发展，催化领域工作者从理论以及实验中发现单原子催化剂不同于纳米和亚纳米催化剂。当粒子分散度达到原子尺寸时能够引起诸如表面自由能、量子尺寸效应、不饱和配位环境和金属 – 载体相互作用等性质发生急剧变，单原子催化剂的优势被凸显得淋漓尽致。

众所周知，传统催化过程的催化反应机理现已被深入研究，形成基本完善的理论体系。催化反应过程包括以下步骤（简单描述）：外扩散、内扩散、吸附、反应、脱附、内扩散、外扩散。例如，一个催化反应的发生，需要多个活性中心原子协同发挥作用，而单原子催化剂的活性位点只有一个活性原子，而且每个活性原子之间的距离很远（微观尺度），无法完成协作。

单原子催化剂的优势显著，然而催化反应机理还没有系统的解释，传统催化剂的催化机理能否解释单原子催化剂催化反应值得每位催化工作者思考、研究。

关键突破点

本问题的最新进展：本问题截至目前没有一套完整而普适性的理论体系，一些催化研究工作者用过理论计算和实验结果尝试解释某些特定反应的机理，该理论仅适用于某个或某一类反应，没有普适性。例如，河南师范大学的王冉通过对其几何、电子结构性质和催化反应特性的系统分析。结果表明：一氧化碳在单个钯（Pd）原子掺杂的石墨烯上的氧化更倾向于三分子 E-R（Eley-Rideal）机制，其限速步势垒仅为 0.29eV；大连理工大学的杨洋采用第一原理方法研究了石墨烯单重空位稳定的 Au 原子上乙烯氧化的过程。结果表明，金（Au）原子和石墨烯空缺位之间的相互作用不仅能抑制 Au 原子扩散，而且还调节 Au 原子 d 轨道能级来活化吸附的氧气和乙烯，促进过氧化物中间体形成和解离。

本问题的难点与挑战：单原子催化反应是微观原子尺度的反应，对该反应的研究需要借助先进的科学仪器，仪器的发展水平是该问题研究的限制条件之一，而且，到达原子尺度许多物质的性质会发生截然不同的变化，使单原子催化的研究难度又一次增加。另外，该问题的研究需要理论计算 / 模拟和实验相结合，理论指导实验，实验修正理论，一步步完善。最后，该问题的研究非个人、单个课题组或研究机构可以完成，需要该领域科研工作者齐心协力共同去完成。

战略意义

该问题的突破进一步丰富了催化领域的理论知识，用于指导催化反应过程，提高催化反应的效率，提高相关产品的生产效率，降低其成本，带来巨大的社会效应和经济效应，同时还可以解决某些环境问题，例如，汽车尾气净化、工业废气的净化。另外，该问题的突破可以指导催化剂的设计、研发以及制备。对催化领域以及催化相关领域有重大贡献，也许会伴随着新兴研究领域的发现。

4 高能量密度动力电池材料电化学

中文题目 高能量密度动力电池材料电化学

英文题目 Interface Chemistry of Solid Electrolyte with Wide Potential Window and Engineering Technology of The Solid-State Battery with High Energy Density

所属类型 工程技术难题

所属领域 电化学储能

所属学科 化学

作者信息 崔光磊　中国科学院青岛生物能源与过程研究所

推荐学会 中国化学会

学会秘书 鞠华俊

中文关键词 固态电解质；宽电位窗口；固态电池；高能量密度

英文关键词 solid electrolyte；wide potential window；solid-state battery；high energy density

推 荐 专 家 陈立泉　中国工程院院士，中国科学院物理研究所研究员

专家推荐词

突破高能量密度动力电池核心材料体系的技术瓶颈，实现高能量密度动力电池工程化，可从根本上消除电动汽车行业"续航里程焦虑"问题，快速推

动该产业的发展，对振兴中国汽车、保障能源安全、节能减排等有重要意义。

问题背景

动力电池是电动汽车的关键核心技术，其能量密度直接决定着电动汽车的性能和续航里程。国务院颁布的《节能与新能源汽车产业发展规划（2012—2020年）》提出，2020年动力电池模块能量密度要达到300Wh/kg。2017年2月四部委联合发布的《促进汽车动力电池产业发展行动方案》提出"2020年，力争实现单体350Wh/kg、系统260Wh/kg的新型锂离子产品产业化和整车应用"的发展目标，显示出攻关提高动力电池能源密度的愿望。随着锂离子电池能量密度不断逼近现有材料体系的应用极限，液态电解液易燃易爆的安全隐患日益凸显，如何在大幅提升电池能量密度的同时保障安全性是动力电池亟待解决的技术瓶颈。

固态锂电池采用固态电解质替代传统的液态电解液，既可有效避免商品化锂离子电池在短路、钉刺等异常使用时引发的起火、爆炸等安全性问题，亦可匹配更高能量密度锂负极，具有实现更高能量密度的潜在优势，满足兼顾高能量密度和高安全的电动汽车应用需求。其能量密度有望超过400Wh/kg，是商品化锂离子电池的两倍，可大幅延长电动汽车的一次续航里程，实现"同等重量，双倍续航"的应用效果，从根本上消除消费者的"里程焦虑"，是电动汽车的理想动力。然而，我国固态锂电池目前仍处于研究阶段，目前急需攻克宽电位窗口固态电解质界面化学难题，创新高电压固态电池核心材料体系，开发固态单体器件及系统，发展高能固态锂电池工程化关键技术与装备，尽快实现高能固态电池的产业化应用。

关键突破点

固态锂电池按照固态电解质的性质可分为两大类，即无机固态电解质体系和聚合物固态电解质体系。无机固态电解质具备高室温离子电导率，目前报道的硫系固态电解质 $Li_{10}GeP_2S_{12}$ 室温离子电导率可达 $10^{-2}S/cm$，甚至高于商业化液态电解液的水平，但其易与金属锂发生反应、无法匹配金属锂负极，导致电池能量密度较低。同时无机固态电解质存在成本昂贵、脆性大、加工性差等问题，无法在现有动力电池生产装备中进行规模化生产。日本丰田公司致力于硫系固态电解质体系的研发，已将能量密度提升至 400Wh/L，具有卓越的快充性能，预计 2025 年实现商业化应用，但其能量密度低于目前商品化液态锂离子电池。

与无机固态电解质体系相比，聚合物固态电解质具有成膜性好、柔韧性高、与锂金属负极相容性好等显著特点，适合大规模生产，其中应用最为广泛的材料是聚环氧乙烷（PEO）。2011 年，法国 Bollore 公司开发的 PEO 固态电解质的聚合物锂金属电池，能量密度可达 170Wh/kg，安全性能良好，已经在 Bluecar 汽车应用并参与汽车共享服务。2015 年，德国 Bosch（收购了美国 Seeo）电池公司开发出 PEO 基的固态锂电池（220Wh/kg）。然而，PEO 固态聚合物电解质材料存在的问题是室温离子导电率低（室温 $<10^{-4}S/cm$），需要在高温（80℃）下运行；另外，PEO 材料的电化学稳定窗口较窄（$\leqslant 3.8V$），只能匹配电位窗口较低的磷酸铁锂正极材料，限制了其能量密度进一步提升。

由此可见，尽管固态锂电池已被公认为是下一代锂电池的重要发展方向，但是目前无论无机材料还是聚合物材料，任何单一材料体系都不能满足未来更高能量密度固态电池的要求。利用不同材料的优势，发展多种材料复合的固态电解质体系是未来固态锂电池的必然选择。

为解决固态锂电池发展的瓶颈问题，针对动力电池对高能量、高功率和安全性等综合性能指标要求，中国科学院青岛生物能源与过程研究所首创"刚柔并济"的聚合物电解质设计理念，发展了宽电位窗口复合固态电解质材料体系，其中"刚性"材料提供高机械强度，"柔性"分子改善固固界面相容性，刚性材料和柔性分子组合通过路易斯酸碱相互作用，构建界面离子快速传输通道，最终实现综合性能的大幅提升。所研制的聚合物固态锂电池继 2017 年成功完成国内首次全海深示范应用后，于 2018 年通过了长达 26 天的深海耐久性验证，创世界上单次持续作业纪录。目前，我国成功研制出第二代聚合物固态锂电池，其能量密度高达 291.6Wh/kg，循环 850 次容量保持 89%，通过了第三方权威检测。持续研发的能量密度大于 400Wh/kg 的第三代聚合物固态锂电池，正在优化提升长循环性能。

长循环试验验证表明，固固界面的界面化学稳定性是影响固态锂电池的电化学性能及长循环稳定性的核心要素。然而，固态电池中电极材料颗粒之间、电极与电解质之间存在不同尺度的复杂固/固接触界面，其固固界面的化学、电化学稳定性以及载流子（电子、离子）跃迁行为显著影响着固态电池的电化学及安全性能。同时，电极材料在充放电过程中由于锂离子的嵌入（沉积）及脱出（溶解）行为，不可避免地会产生体积形变，此行为势必影响固固界面的长期可靠性。这些复杂固固界面之间存在何种界面化学反应？哪些反应将促进或抑制界面稳定性？如何构筑更为可靠的固固界面？在攻克以上前沿技术难题基础上，可实现高比能聚合物固态锂电池的设计与开发，但若真正展开推广应用，仍然面临以下产业化挑战：如何实现固态电解质、高比能复合金属负极等核心材料体系的连续化工程化制备？如何实现高比能单体器件的工艺路线优化以及专用装备开发？如何控制单体器件的成本？

战略意义

宽电位窗口固态电解质界面化学问题的突破，可大幅提升固态锂电池的电压窗口和固固界面的稳定性，实现高比能长寿命固态锂电池材料体系的构筑，为高比能固态锂电池奠定坚实的技术基石。而高比能固态锂电池工程化技术的开发，则可解决固态锂电池的产业化技术难题，实现固态锂电池的工程化制备，推动产业化应用，从根本上消除制约电动汽车行业实现跨越式发展的"里程焦虑"问题，快速推动"电动汽车"产业的发展，对振兴中国汽车产业、实现汽车强国梦、保障能源安全、实施节能减排等均具有重要的社会及经济意义。

5 情绪意识的产生根源

中文题目	情绪意识的产生根源
英文题目	The Source of Affective Consciousness
所属类型	前沿科学问题
所属领域	生命科学
所属学科	心理学
作者信息	胡　平　中国人民大学心理学系
推荐学会	中国心理学会
学会秘书	王　希
中文关键词	意识；情绪意识；脑机制
英文关键词	consciousness；affective consciousness；brain mechanisms
推 荐 专 家	周晓林　北京大学教授，中国心理学会理事长
	傅小兰　中国科学院心理研究所所长、研究员，中国心理学会前任理事长
	韩布新　中国科学院心理研究所研究员，中国心理学会候任理事长
	罗　劲　首都师范大学教授，中国心理学会秘书长
	李志毅　中国心理学会常务副秘书长

专家推荐词

在心理学领域，有关意识来源一直都是极具挑战性的问题，而情绪情感意识的来源，更是这个具有挑战性问题中的核心难题。一方面是因为情感认知与情感意识是意识的核心成分，另一方面也是因为情感意识来源是人类情感关系以及社会关系存在的基础。研究情感意识的来源有助于人类对深邃而复杂情感世界的认识和理解，也有助于解释人类社会独特性的进化依据。

问题背景

区别于其他学科对客观世界规律的探索，心理学是专门研究人类心理活动和规律的科学，是生命科学中最神秘的领域，更是前沿的科学方向。嫦娥四号成功着陆月球背面，蛟龙号下潜海底 7000 多米，人类基因组图谱已经绘就，大数据可以描述全球人群的行为轨迹，但是我们对创造这些奇迹的人类大脑及其心理活动却知之甚少。人类的生命活动还有很多未解之谜，心理学研究领域的专家正在努力探究人类的大脑活动以及与此相关的心理活动，其中情感意识就是这些活动中最具挑战性的问题之一。

所谓情感意识是指人的喜、怒、哀、乐等情感活动的意识。情感是人的各种现实关系在其头脑中的反映，情感表明人对客观事物是否满意、赞赏、喜欢，由此产生了快乐、高兴、愤怒、不满、恐惧等情绪，这种以情感表现和体验所呈现的认知状态，是意识形成的感情材料。人类的高级情感，诸如道德感、实践感、美感、理智感，更是反映了人的精神世界，是人对环境、社会关系、现实具体事物所进行的评价、判断和体验，并且是意识定型化的结果，所以无论是个人的情感体验，还是人们精神世界的评价，在人类的意识中不可避免地包含着情感方面。

情感包括人们的体验、感知、生理表达以及社会评价的多个方面，它常常居于人类意识活动的中心位置，但是也会超离于人们的意识范围外。人类对自身的理解不仅需要认识自己的意识上世界，更重要的是需要理解这种常常无法直接认知的心理最深邃的动力来源。所以在人类的演化发展过程中，意识产生的根源一直都困扰着人们对自我的认识，其中情感意识恰恰是意识产生根源中核心的组成成分，也是最困难的部分。从情感意识着手，也许是探索人类社会对意识来源的一个切入口，因为情感意识是意识的组成部分，但是情感本身是进化的产物，有其进化和生理的明确机制。情感活动是人类活动中最具有特色和动力的部分，人类所有复杂的认知和探索活动都是在情感活动的背景下产生的，因此情感活动本身对人类的探索、演化有着深刻和复杂的影响。人类对自身理性的意识以及控制只是冰山的一角，而非理性的意识部分是人类尚触及甚少的领域，因此从情感意识开始来探究人类意识的多样性和复杂性，是描述人类意识起源的重要一环。

关键突破点

情绪意识的产生来源是一个复杂的重大的科学问题，需要多角度认识以及理解，并不是一个简单的科学问题可以涵盖。有关情绪意识的关键突破点可能在于情绪意识的脑机制。因为情绪的产生和发展的脑机制是比较清楚的，但是情绪意识的脑机制并不是那么清楚。首先情绪意识是如何表现的，情绪意识的分类，情绪意识的特征，最终情绪意识与一般性认知意识的区别，这些都是对于情绪意识的理解，对于情绪意识本身的概念，其实人们知道得并不多，所以需要分清楚情绪意识的来源等属性特征。

其次情绪意识产生的过程。对于情绪意识的产生过程以及机制的了解是情绪意识产生来源的重要关键性突破点。情绪意识的产生过程与情绪产生过程的异同、情绪意识的产生过程特征、情绪意识的产生与认知过程的异同，通过进行不同层面上的比较，最终发现情绪意识产生过程的特征以及机制。其中可能最核心的部分是意识下情绪的意识，用科学手段对意识下情绪进行深入探讨也能为探讨意识的根源提供基础。

第三部分就是情绪意识产生的来源。无论是进化还是后天的经验塑造以及文化的建构，本质上情绪意识产生的来源可以分为几个层面上去探索，分子、基因层面、行为与发展层面、社会文化的潜在形成层面。用整体框架结构来理解情绪意识产生的根源能为理解其他人类社会独特性提供视角。

战略意义

要解决情绪意识的产生根源问题，需要心理学、认知科学、医学等多学科融合，集成认知神经技术、基因检测、行为模拟甚至大数据人工智能技术等多种技术手段，因此对情绪意识的产生根源难题的解决，对相关学科以及技术的发展都有着非常重要的推动作用。

从20世纪90年代开始，美国等西方国家就逐步加大了脑科学研究的支持力度，美国、日本、欧盟分别推行了自己的"脑计划"。2018年中国也启动了"脑计划"（脑科学与类脑科学研究）。该计划被列为"事关我国未来发展的重大科技项目"之一，我国的"脑计划"将从认识脑、保护脑和模拟脑等三个方面全面启动，形成了"一体"（脑认知原理的基础研究）、"两翼"（脑重大疾病与类脑人工智能的研究）的基本格局。情绪意识的产生根源，最终的物质基础是人类的大脑，所以对该问题的探索过程本身，就是对人类大脑有关意识功能的探索，是对大脑基本认知原理的解释。本问题探索的结果，一方面有助于人们更充分理解人类社会建构，重塑人类生存和发展的理解框架；另一方面也有助于强人工智能对人类情感世界的模拟和展示，为我们未来应用强人工智能和超人工智能增添更多的证据。

6 细胞器之间的相互作用

中文题目	细胞器之间的相互作用
英文题目	Membrane Contacting Site
所属类型	前沿科学问题
所属领域	细胞生物学
所属学科	生物学
作者信息	俞　立　清华大学生命科学学院
推荐学会	中国细胞生物学学会
学会秘书	陈　扬
中文关键词	细胞器；相互作用；膜接触位点；物质交换
英文关键词	membrane-bound organelle；organelle interaction；membrane contact site；content exchange
推 荐 专 家	杨崇林　云南大学生命科学学院院长、教授

专家推荐词

利用多学科交叉前沿技术，研究细胞器相互作用网络的分子细胞生物学机制，对细胞器网络在生物膜稳态维持、动态变化等重要细胞生命过程的作用提出原创性理论，以支持相关重大疾病的诊断、预防和新药研发。

问题背景

真核细胞存在许多结构上相对独立的细胞器，包括细胞核、细胞膜、内质网、高尔基体、线粒体、溶酶体、内含体、脂滴等。它们通过膜结构相互隔绝，使得细胞在同一时间可以发生多个不同的生化反应和生理过程，维持细胞的正常运转。虽然在结构和功能上相对独立，但是它们之间又是相互协作，共同完成某些生理过程，所以不同细胞器之间必然存在多种相互作用或接触，这也是维持细胞稳态所必需的。

细胞器之间的相互作用又叫膜接触，其作用界面称为膜接触位点（membrane contact sites，MCSs）。通常膜接触位点上来源于不同细胞器的两种膜界面的距离少于30nm，且不会发生融合。在全世界范围内，这方面的研究起步较晚，属于新领域，但最近几年的研究表明细胞内存在多种膜接触位点。

内质网是细胞内最广泛存在的细胞器，这大大提高了它与其他细胞器相互接触的可能性，大量研究结果也证明了这一猜想。研究表明内质网能与线粒体、高尔基体、过氧化物酶体、细胞膜、脂滴、溶酶体、叶绿体、内含体等细胞器形成膜接触位点。此外，溶酶体与过氧化物酶体、线粒体与叶绿体、酵母中线粒体与液泡、核膜与液泡等也会形成膜接触位点。

目前的研究结果认为膜接触位点在细胞内的主要作用是调节钙离子的运输和脂类分子的生物合成、交换、代谢等。内质网是细胞内的钙离子库，内质网－线粒体之间的钙离子对话等都是通过内质网与相应细胞器形成膜接触位点而实现。除了钙离子运输，使脂类分子在不同细胞器之间的交换是膜接触位点的另一重要功能。不同细胞器具有不同的膜成分，比如磷脂酰胆碱（phosphatidylcholine，PC）在内质网中最丰富，而磷脂酰乙醇（phosphatidylethanolamine，PE）和心磷脂（cardiolipin，CL）在线粒体上有很大富集。除了个别磷脂可以通过相关的脂酶原位合成外，细胞内的大部分脂分子均在内质网内合成，然后被运输到其他细胞器。这种运输一方面通过小泡形式，另外一方面即通过膜接触位点实现。

细胞器膜接触十分动态和复杂，细胞器互作网络的动态变化对于维持细胞器的稳态平衡、调控其动态变化、介导细胞器之间的相互作用起着至关重要的作用，同时也是细胞执行各种重要生理功能所必需的。目前对其生理、病理功能研究尚处于起步阶段，存在较大发展空间。因此，未来的研究需要融汇遗传、新颖成像技术及各种其他手段，深入解析发育及成体中细胞器互作网络，系统研究其在不同生理及病理条件下的动态变化，最终鉴定参与调控此类过程的关键因子并阐明其作用的作用机制，从而在分子机理和疾病研究两方面齐头并进。

关键突破点

在分子机制上，目前研究得相对比较清楚的是内质网－线粒体、内质网－细胞膜、内质网－溶酶体/内含体之间的膜接触位点。所有膜接触位点的形成有个共同的特征，即都由 tethering 蛋白介导发生。比如内质网－细胞膜之间的 tethering 蛋白有 ORPs 蛋白，内质网－线粒体之间的 tethering 蛋白主要有 Mfn 蛋白和 ERMES 复合物。很显然的是，膜接触位点领域的研究正处在一个高速发展时期，有大量的未知问题亟待解决，特别是以下方面可能是未来的研究重点。

第一，除了钙离子和脂类分子的运输，膜接触位点是否还参与了其他物质的运输？此外，有报道表明细胞自噬小体起源于内质网－线粒体的膜接触位点，所以我们有理由质疑膜接触位点是否还参与了其他更多生理过程的调节？

第二，在分子机制上，许多膜接触位点的形成过程并不清楚，需要结合多种生物学手段包括蛋白质组学、生物化学、基因组学、遗传学、电镜、结构生物学等鉴定相关参与形成的蛋白，对其分子水平的形成过程进行全面的阐述。

第三，除了已被鉴定的膜接触位点，是否还有存在但未被发现的？目前的研究基本针对细胞质内的细胞器，但事实上细胞外也存在许多细胞器，比如外泌体、迁移小体等，它们之间是否也会形成膜接触位点？如果存在，它们的生理功能是否类似于细胞内的膜接触位点？

第四，由于酵母的易操作性和基因组的单一性，很多膜接触位点的研究主要集中在酵母中，未来应该投入更多的研究于哺乳动物细胞、组织及个体上。这样才能探索清楚膜接触位点与疾病特别是目前严重威胁人类健康的疾病包括癌症、阿尔茨海默病等是否有关系。

战略意义

本领域的研究将充分发挥我国在膜生物学研究领域现有的资源和技术等方面的优势，利用多种模式动物（线虫、果蝇、小鼠等）的研究平台，结合目前细胞生物学、生物化学与分子生物学、生物物理学、计算生物学、发育生物学的前沿研究技术，在细胞器相互作用网络的分子细胞生物学机制，细胞器网络在生物膜稳态维持、动态变化及其与各种重要细胞生命过程如细胞生长、分化、迁移、细胞重编程等的关键作用等方面产生概念性突破，提出原创性理论，并在细胞器网络功能失调与相关重大疾病的发病机理方面有更深入的理解，为这类疾病的诊断、预防和创新药物研发提供重要的理论基础。

我国目前在细胞器互作领域形成了良好的工作积累和团队力量，拥有跨越创新的人才储备和高水平人才队伍，已取得了一系列突破，形成了多点赶超国际前沿的势头。本领域的突破和长足发展，可以使我国该领域保持领先地位，同时为我国培养和造就出相关领域的优秀人才队伍。

7 单细胞多组学技术

中文题目	单细胞多组学技术
英文题目	Single Cell Multi-Omics Technology
所属类型	工程技术难题
所属领域	细胞生物学
所属学科	生物学
作者信息	那顺布和　内蒙古大学生命科学学院
	王光辉　苏州大学药学院
	鲍　岚　中国科学院生物化学与细胞生物学研究所
推荐学会	中国细胞生物学学会
学会秘书	林晓静
中文关键词	单细胞；多组学分析；单细胞质谱技术；实时检测；神经化学
英文关键词	single cell；multi-omics analysis；single-cell mass spectrometry；real-time detection；neurochemistry
推 荐 专 家	张　旭　中国科学院院士，中国科学院神经科学研究所研究员，中国细胞生物学学会副理事长，学术工作委员会主任
	邢万金　内蒙古大学教授

专家推荐词

该技术可系统地鉴定细胞异质性和识别罕见细胞类型，在遗传特性、生化特征和生理功能方面提供前所未有的精准数据，可广泛应用于胚胎发育、细胞分化和谱系追踪以及人体生理功能和疾病发生发展的研究。

问题背景

细胞是构成生命的基本单位，多个细胞组成不同的器官和组织，但形成相同组织器官的同一群细胞个体之间也存在差别。细胞的异质性不仅涉及细胞正常发育和功能，也与疾病的发生发展密切相关。如在早期胚胎发育过程中，不同卵裂球之间的细微差异会决定其发育和分化的不同；在肿瘤组织中，细胞异质性会使得一个肿瘤内看似相同的细胞对放疗或化疗的敏感性产生差异；在神经系统中，不仅是发育阶段，即使是成熟后，其不同类型神经元或者同类型神经元在不同环路中都会产生功能差异。

在传统的细胞生物学实验中，实验样本通常是细胞群体，检测到的结果只是群体的平均值，或者只代表数量上占优势的细胞信息，无法细分亚群或反应细胞间的差异。如同在一所中学中，得到一个平均成绩，但没有细分年级、科目和学生个体。因此，采用单细胞多组学技术，可以在基因组学、DNA 甲基化组学、转录组学、蛋白质组学和代谢组学等多个层面，获得精细的数据，使得对貌似同类细胞的特性做进一步鉴定，从而确定其功能作用。由此，发展单细胞多组学技术，可促进我们深入理解胚胎发育、细胞分化、肿瘤生长、神经活动等生命活动中的细胞生物学机制和功能作用原理，对生物学有着极大的推动作用。

关键突破点

目前研究者们正努力实现在同一个细胞中同时检测和分析基因组、

DNA甲基化组、转录组、蛋白质组等多种组学内容。在单细胞水平，实现多组学联合分析可以帮助科研人员将单细胞表型与基因型联系起来，进一步理解生物体内的分子机制。同时，结合代谢组学和不断完善的生物信息学分析，可以获得单细胞更为全面的信息。因此，加快发展单细胞多组学技术，有利于深度挖掘细胞信息，理解细胞和组织的功能。需突破的主要关键点有：①发展单细胞组学标记技术，提高检测灵敏度和精准度；②增加检测通量，提高数据覆盖面，增强结果的可靠性和代表性；③加速发展遗传组学和功能组学一体化检测技术，使得遗传、蛋白和代谢信息可完整地体现细胞功能特性。

1. 当前相关新技术带来的契机

由于技术和设备原因，单细胞组学技术的发展一直较为缓慢。但在近10年，单细胞组学技术获得了快速的发展，并从基因组学发展到单细胞DNA甲基化组和转录组测序技术，直到现在对单细胞同时进行染色质开放状态、DNA甲基化、基因组拷贝数变异以及染色体倍性的多组学测序技术，并利用这一技术解析了哺乳动物着床前胚胎发育过程中表观基因组重编程的关键特征。

因此，发展单细胞多组学通用技术，可精准阐述细胞生物学中的科学问题，如：①描述细胞多样性；②谱系追踪；③识别新的细胞类型；④破译组学之间的调控机制。而结合蛋白组学和代谢组学，采用实时检测，可清晰阐述细胞实时活动变化和调控方式及其机制。比如在神经系统中，则可精准反映神经电活动传递过程中的代谢（功能）改变。目前已实现的在基因组学、表观遗传组学和转录组学的多组学技术，为从遗传和表观遗传，以及基因活性角度阐释细胞活动和功能提供了有力支持。而近期新发展起来的单细胞蛋白质谱技术近来也取得长足发展，目前已能成功地对单个细胞进行质谱鉴定，尤其是小分子的鉴定。该技术为发展新的单细胞多通道组学技术提供了基础。

2. 单细胞多组学技术的技术难点

单细胞技术由于细胞数量少，因而对标记和标记物的富集有较高的要求。不同组学的标记物不同，对单细胞实施多组学分析的精准度有更高的标准。因而，发展新的标记技术，探索分离和标记同一单细胞中多种类型分子的新方法，这将有助于增加数据信息的准确性。另外，目前单细胞质谱技术在组学层面已取得一些发展，但仅能检测小分子，包括神经递质或细胞代谢产物。也可以使用特定探针鉴定关键蛋白（如酶类），用于研究细胞活动和代谢，尚不能用于蛋白组学分析。因此，发展单细胞质谱技术将极大推动单细胞组学在细胞功能上的研究，尤其是发展实时蛋白质质谱技术和代谢组学技术，可在活体细胞或活体动物上阐释单细胞的实时功能活动和动态调控。

战略意义

单细胞多组学方法为系统了解生物多样性和功能机制提供了新的方法，单细胞多组学技术可以从异质细胞群体中识别细胞亚型，并根据多组学数据提供其功能和细胞个体功能差异信息，有助于对不同组学特征的细胞的功能进行鉴定。单细胞多组学技术上的突破，将对生物发育过程、肿瘤发生发展、人体疾病发生和中枢神经活动等生命活动的功能和机制研究产生极大的推动作用。从人类健康角度，有助于疾病靶点发现，并从靶点和关键的功能网络角度提出干预方案，推进机制研究、药物研发和临床治疗策略的探索。同时，该技术突破也将给组学技术带来更广泛的应用前景，并具有推动交叉学科发展的基础作用。

8 废弃物资源生态安全利用技术集成

中文题目 废弃物资源生态安全利用技术集成

英文题目 Technology Integration of Ecological Security Utilization of Waste Resource

所属类型 工程技术难题

所属领域 农业

所属学科 土壤肥料学

作者信息 王 旭 中国农业科学院农业资源与农业区划研究所

徐明岗 中国热带农业科学院南亚热带作物研究所

推荐学会 中国农学会

学会秘书 杜 勇

中文关键词 废弃物资源；生态安全利用；技术集成；耕地质量；风险控制

英文关键词 waste resource；ecological security utilization；technology integration；cultivated land quality；risk control

推 荐 专 家 陈剑平 中国工程院院士、宁波大学植物病毒学研究所所长

专家推荐词

可解决大量养分资源仅能作废弃物或因处理不当而造成的资源浪费，有效控制环境污染和耕地质量风险，引导工农业废弃物资源循环利用产业链和价值链提升，实现生产清洁化、利用安全化、投入品减量化等，促进农业可持续发展。

问题背景

随着我国工农业生产的快速发展和居民生活水平的不断提高，废弃物的种类和数量也急剧增长，不但给生态环境带来很大压力，也严重影响到我国未来经济社会的可持续发展。据最新数据统计，由农业生产产生的废弃物中，秸秆和畜禽粪污占比很大。全国每年产生畜禽粪污约 38 亿吨，综合利用率不到 60%；每年生猪病死淘汰量约 6000 万头，集中的专业无害化处理比例不高；每年产生秸秆近 9 亿吨，未利用的约 2 亿吨。工业产生的副产品种类多、数量大，如硝酸磷肥副产品年产近百万吨、电厂烟气脱硫石膏 7000 余万吨、碱业副产碱渣约 780 万吨。而加工业中，牡蛎壳年产 290 多万吨、味精发酵副产品超过 200 万吨、糖蜜约 300 万~450 万吨、餐厨废弃物达 9900 多万吨。据估算，我国每年废弃物的有机养分总量高达 8 亿~10 亿吨，是化学肥料养分的 1.3 倍，是不可低估的土壤有机养分资源库，同时也是碳氮循环的储备资源库。而矿质废弃物资源更是植物－耕地－水生态循环链中宝贵的无机养分资源。我国产业布局、种养结构、资源利用水平等因素制约及其在一定程度上造成的生产资源和自然资源过度浪费，是导致产业链后端大量废弃物处理及利用问题的重要原因。

而与废弃物资源利用相关的我国耕地质量问题也显得十分突出。目前我国耕地退化面积占耕地总面积的 40% 以上，部分区域耕地质量退化问题突出，东北黑土区土层变薄，农田生态功能退化；南方部分地区土壤酸化，耕地重金属超标；华北平原耕层变浅，保肥保水能力降低。十八大以来国家将生态文明建设、绿色发展、乡村振兴等作为战略发展要求，出台了《土壤污染防治法》《土壤污染防治行动计划》（简称"土十条"）等一系列法律法规。尤其是国家对生产后端污染治理攻坚行动，对废弃物资源利用起到了决定性调整作用。通过废弃物养分安全还田，实现废弃物资源安全有效处理及利用，不仅可以提高退化土地质量，而且能改善生态环境，对提升我国耕地质量、保障经济可持续发展和粮食安全具有极其重要的意义。但是目前国家对废弃物资源利用的科技体系、管理手段、效益拉动等系统性、实效性平台机制的建立显得薄弱，需要重点加强和推进。如废弃物处理技术水平低，突出管制其养分含量，而对其安全风险的综合评价关注不足，尤其缺乏对耕地质量效益的风险控制等。加之现阶段土地所有者和土地流转经营者对耕地质量关切度低，耕地保育投入严重不足，给我国耕地质量风险控制带来很大隐患。

关键突破点

本项技术跨越了土壤学、植物营养学、环境学、生态学、产品加工等学科和领域，相关技术分散，缺乏整合和产业链延伸，关键难点在于如何整合集成这些技术形成完整的体系，并解决我国不同区域废弃物资源利用和耕地质量风险控制的实际问题。从国家发展战略角度看，"废弃物资源利用 – 化肥减施增效 – 土壤培肥与改良"是极其重要而又密切关联的三个方面，因此需要建立完善以下三个技术体系：

（1）废弃物资源利用安全评价体系

相关的技术和管理体系可将以畜禽粪污、秸秆等农业、工业、加工业废弃物为原料生产的物料，分为商品化的和行政区域内循环利用两类。无论是商品化的肥料和土壤调理剂，还是就地循环利用的都应符合农田生态和生产力需求，即对其养分及有效性、有毒有害元素含量评价的标准化要求。

（2）废弃物资源区域产业集成体系

建立有效机制使废弃物资源在区域内统筹，使其产业及农用标准化。该体系可引导和促进单项成熟技术整合进入区域效益提升行动中，使废弃物资源在区域内标准化生产，注重对耕地质量的贡献，拉动地方农产品质量和生态质量升级。目前，秸秆就地还田或异地加工后还田，畜禽粪污、病死畜禽等的工厂化处理或田间堆肥处理，工业和加工业废弃物就地消纳能力或加工后利用，以及加工后产品与当地农业生产和耕地培肥的承载力和匹配度评估等问题，都需要相应的技术和管理体系加以规范。

（3）废弃物资源农业服务产业体系

坚持"来自土地的废弃物资源最终安全归还土地"的思想，围绕"废弃物养分资源－肥料－土壤"的关系主线，把涉及废弃物无害化处理、资源化利用、高效化管理等全部环节的技术进一步集成，整合废弃物养分资源利用、化肥减施增效、土壤培肥与改良等三方面相关技术模式，在突出农化服务的基础上，建立健全废弃物资源农业服务产业体系。

战略意义

目前，我国农业生产面临着极为严峻的农业生态环境问题，而且耕地质量风险控制和可持续利用问题突出。同时还存在大量潜在废弃物养分资源利用低、肥料不合理施用且利用率低、农产品的安全隐患等问题。通过废弃物资源利用技术集成与耕地质量风险控制工程难题的破解，拟解决以下两个问题：一是解决大量养分资源作为废弃物被丢弃而造成资源浪费，改善由于废弃物随意丢弃而造成的环境污染现状；二是有效控制环境污染和耕地质量风险，引导工农业废弃物资源循环利用产业链和价值链提升，实现生产清洁化、利用安全化、投入品减量化等，促进农业可持续发展。

9 全智能化植物工厂关键技术难题

中文题目	全智能化植物工厂关键技术难题
英文题目	Key Technologies in AI Plant Factory
所属类型	工程技术难题
所属领域	生命科学
所属学科	生物学
作者信息	朱新广　中国科学院分子植物科学卓越创新中心 / 上海植物生理生态研究所
	何祖华　中国科学院分子植物科学卓越创新中心 / 上海植物生理生态研究所
推荐学会	中国植物生理与植物分子生物学学会
学会秘书	周　丽
中文关键词	植物工厂；精准栽培；光能利用；自动化
英文关键词	plant factory；precision cultivation；light energy utilization；automation
推荐专家	卢宝荣　复旦大学生命科学学院生态与进化生物学系主任，教授

专家推荐词

智能化植物工厂提供农业与大都市食品安全生产的新模式,在智能化装备与管理决策系统、新型 LED 光源与光能有效利用、新型作物品种改良等方面掌握核心技术,并将促进人工智能与农业科学等多学科的交叉与融合。

问题背景

植物工厂(plant factory)是生长环境条件全智能控制的植物高效生产系统,是植物生产方式的一场革命,其应用状况是反映一个国家农业高技术水平的重要标志。全智能化植物工厂集栽培技术、工程技术、自动化技术、系统管理于一体,是农业产业化进程中吸收应用高新技术成果最具活力和潜力的领域之一,它使农业生产从自然生态束缚中脱离出来,代表着未来农业的发展方向,是实现农业工业化生产、解决人类健康、食品安全及国防战略需求的全新途径。但多学科技术的融合也使全智能化植物工厂的长远发展依赖于相关各科学领域的研究进展与创新突破,使得全智能化植物工厂的商业化规模应用在创新进步的过程中面临许多难题和挑战。

世界范围内,人口膨胀与耕地缺乏之间的矛盾日益激烈,大气、水源及土壤环境的污染,全球气候变化导致的温度增加及极端恶劣气候与自然灾害的频发,都给传统农业生产带来了极其严峻的挑战。植物工厂使农业生产从自然生态束缚中脱离出来,按计划周年性进行植物产品生产,是实现农业工业化生产、解决人类健康、食品安全及国防战略需求的全新途径。

全人工光能植物工厂是最近十几年才出现的,但仍没有真正意义上的全智能植物工厂。日本的植物工厂产业发展较早,完全处于商业化、产业化阶段的植物工厂已超过 200 家，相关的技术和装备正在向中国、俄罗斯、韩国、波兰、中东等国家和地区输出。美国是全球最大的利用植物工厂采用高压钠灯进行药用大麻生产的国家，其太空植物工厂已开始由设计图向现实转变。荷兰等欧洲发达国家也开始步入了利用植物工厂发展蔬菜和花卉产业的快车道，已开始了商业化植物工厂的应用。

我国的植物工厂起步较晚，但发展速度前所未有。台湾省借鉴日本的经验，目前约有 140 座进行蔬菜生产的商业化植物工厂在运行，但规模较小。2016 年 6 月，福建省中科生物股份有限公司在我国第一个实现了真正意义上的全人工光型生产蔬菜的植物工厂的商业化运营，建成了国际上单栋体规模建筑面积最大的首个（1 万平方米）的蔬菜植物工厂。以及首个药用植物商业化植物工厂，这标志着我国的植物工厂真正由研究示范阶段进入了产业化阶段。同期，金沙江智慧农业引入美国 AeroFarms 公司技术、京东集团和日本三菱化学控股集团合作，在中国布局植物工厂产业。

全智能化植物工厂刚刚处于起步阶段。可借鉴的仅有设施农业的部分装备，但设施农业智能化程度低，无法满足要求。目前全智能化植物工厂的数据收集和监控手段还仅仅停留在概念或者停留在小规模的实验开发阶段，对数据的分析简单，更缺乏利用计算机进行深入分析和模拟，调控和优化环境多为人工，智能化调控很少。目前美国的 AeroFarms 与 Dell 公司联合开始进行多点环境指标监控及其自动化数据分析。智能化植物工厂在我国出现了蓬勃发展的趋势。尽管福建省中科生物股份有限公司研发出了全球首台套自动化植物工厂生产系统装备，并完成了中试实验，实现从播种、分栽、采收的自动化运行，但离智能化还有很大距离，要实现长远稳定的发展，建立有我国自主知识产权的全智能植物工厂栽培技术体系和开发相应的设施装备，还存在很多核心的科学和技术问题需要进一步解决。

关键突破点

植物工厂通过控制温度、湿度、光照、二氧化碳浓度以及营养液等环境条件，使植物生长发育不受自然条件的限制，以实现植物高效生产的目的。但如何利用获取植物工厂的哪些数据，满足智能化植物工厂需求，并结合计算机模拟，通过大数据分析，实现科学精细管理，打造最适合植物高效生产的环境条件，激发植物的最大生长潜能，实现最大效率的能量转化，这些都没有经验可循，需要对相关基础理论的科学问题进行研究，并实现某些技术难题的关键性突破。

植物工厂引进光生物学的理念和技术，利用高光效的 LED 植物照明技术，达到光照条件完全可控的目的。但目前无论是植物工厂内还是自然环境下，植物对光能的转化利用效率都很低。与自然光相比较，LED 人工光源最大优势在于人类能对光源的光谱进行选择。研究人工 LED 光环境下不同光谱对植物生长发育与次生代谢产物形成和积累的调控机制，获得植物高光能吸收利用效率的最佳光配方（包括光质、光量、光周期）；选育低光需且高光合效率、高生物能转化效率的优良品种；研究人工光环境下植物的形态建成特征及机理，选育适于植物工厂立体栽培模式下高光能利用效率的理想株型品种。这些研究对于提高植物工厂环境下植物生物能转化效率，降低生产成本，推动光生物产业的发展均具有极为重要的价值。

植物工厂提供最适宜的环境条件，植物生长速度加快，生物量快速增加，但也极易出现生长失调的问题。如何协调高效的光合作用和矿质元素吸收，以及植物体内营养物质的合成、运输和转化，也是植物工厂发展中所亟待解决的科学难题。研究不同植物对矿质元素的吸收和累积规律，选育养分高效利用的优良品种，弄清植物次生代谢产物在植物工厂条件下合成积累的调控机制，结合不同的栽培模式探寻适于高光合效率下快速生长植物营养配方及栽培技术手段。这些研究也都有助于解决植物工厂产业中的科学与技术难题。

全智能化植物工厂自动化生产系统，实现植物工厂生产管理全过程的精细化智能控制、提高生产效率、减少劳动力和植物工厂的运行成本，是植物工厂发展方向，这对于植物工厂在欧美、日等人力成本高的发达国家与地区的应用具有极强的竞争力。但植物工厂从播种、分栽到采收、包装等过程都难以借鉴其它行业的自动化技术。在自动化生产系统方面，由于根系数量多，不规则，准确、高效植株自动化分栽技术是制约自动化装备开发的一个世界性问题；由于高密度栽培时，植株叶片相互交接，连贯性操作和移动过程中植株易受伤害，自动化设备的准确性和灵活性也是亟需攻克的难题。

环境控制是影响决定大型植物工厂植物生长的重要因素，对于大型植物工厂，大环境和微环境的温湿度、营养液的 EC、pH、温度和溶氧除受环境控制设备布局与运行方式以及植物工厂面积高度与形状影响外，还很大程度上取决于作物的种类与生长发育阶段的蒸腾状况。因此，在环境条件控制时需要结合计算机模拟、大数据分析、流体力学等方法，计算难度大，机理挖掘的更少，需要跨行业的协同研究。另外，对植物的生长指标和图像的监测与分析，更是需要将植物对环境的响应表现与图像中的形状、颜色、面积等有机结合，根据植株长势状态的大数据分析结果，对环境控制与栽培管理技术与模式进行自动调整，使植物生长发育始终处于一个最佳状态，但目前植物工厂智能化分析手段还处于初步研发阶段。

这些问题都是智能化植物工厂产业中的亟待解决的科学与技术难题，要实现真正意义上的全智能化植物工厂的发展，需要结合作物生产技术、装备技术、工程技术、自动化技术、系统管理技术等进行融合创新，尤其是如何将蓬勃发展的人工智能技术（AI）与具有生命的植物生产有机结合在一起，将成为智能化植物工厂发展的重点和难点。

战略意义

植物工厂需要植物学、园艺学、营养学、光生物学、植物化学、智能装备等多学科融合，集成植物照明技术、植物无土栽培技术，植物次生代谢产物的调控技术以及信息技术、光电技术等进行植物工厂化生产，对植物工厂发展中关键难题的解决也将极大程度地带动这些相关学科领域的发展。

植物工厂具有垂直农业的优势，不依赖于土壤与气候环境条件及能实现周年稳定生产供应，智能化植物工厂的发展可有效地缓解人口膨胀与耕地缺乏之间的矛盾，是保障未来国家粮食安全重要途径；智能化植物工厂可避免传统农业对自然生态系统的污染，解决传统农业生产的食品安全隐患，满足人们对含蔬菜在内的安全食品日益快速增长的需求，为人类健康提供重要食品保障；植物工厂在航空航天、边防海岛国防、极地和高寒等特殊环境地区应用均具有重要战略意义。

智能化植物工厂产业虽刚刚起步，但必将拓展出一个农业尤其是园艺作物工业化生产的新兴光生物产业集群，成为引领现代农业的发展方向。如果能突破制约其发展的关键科学难题，将不仅极大推动植物工厂的发展，还将对相关交叉领域的科技发展产生重大影响，并将为我们带来巨大的经济和社会效益。

10 近地小天体调查、防御与开发问题

中文题目 近地小天体调查、防御与开发问题

英文题目 Near-Earth Small Bodies'Survey，Defense and Development

所属类型 工程技术难题

所属领域 航天

所属学科 航空 航天科学技术

作者信息 黄江川 中国空间技术研究院总体部

推荐学会 中国空间科学学会

学会秘书 时 蓬 王红杰

中文关键词 小天体；调查；防御；开发

英文关键词 small body；survey；defense；development

推 荐 专 家 吴 季 中国空间科学学会理事长

　　　　　　 叶培建 中国科学院院士，中国空间科学学会常务理事、中国空间技术研究院科技委顾问

　　　　　　 万卫星 中国科学院院士，中国空间科学学会副理事长

　　　　　　 杨孟飞 中国科学院院士，中国空间技术研究院科技委副主任

　　　　　　 曹喜滨 中国空间科学学会副理事长、哈尔滨工业大学副校长

高　铭　中国空间科学学会副理事长、中国科学院空间应用工程与技术中心主任

邹永廖　中国空间科学学会副理事长、中国科学院月球与深空探测总体部主任

陈　虎　北京空间机电研究所所长 中国空间科学学会空间探测专委会常务副主任

专家推荐词

可整合拉动地面设施、太空探索、太空开发及太空经济研究，发展航天未来技术和牵引太阳系演化前沿科学研究。助推小天体撞击天地一体预警体系及国际大科学计划发展，体现负责任的大国担当。

问题背景

一直以来，地球面临着地外天体撞击的巨大威胁。2013 年 2 月 15 日，一颗小天体以 30km/s 的速度进入大气层，并在俄罗斯车里雅宾斯克地区上空约 30km 高度发生猛烈的爆炸。据评估陨石直径约为 15~17m，质量为 0.7 万~1 万吨，爆炸当量约 350 万吨，相当于 1945 年广岛原子弹爆炸当量的 30 倍。而就在这次事件 18 小时之后，另一颗小天体 2012DA14 从距离地球 3.4 万千米的地方高速掠过。这些事件不断地提示着人类应该高度重视并发展相关科技，以采取有效措施建立近地小天体普查及防御体系。

另外，类型多样的小天体是太阳系可见未来可开采的丰富矿藏资源，可以作为人类空间探测的能源补给站。从小天体运送水资源到空间站要比从地球上运送更容易、更经济，可以节省大量能耗和资源。除水以外，小天体还蕴藏着其他稀有金属和矿产资源，成为潜在的"地外矿藏"。美国

和卢森堡等国相继颁布法律，为私人实体进行月球及行星采矿提供了法律依据。

对近地小天体进行调查、长期跟踪监视预警并掌握小天体防御技术，可以有效地建立起小天体防御体系，将可能造成灾难的小天体为我所用。在此基础上，对小天体上丰富的资源进行开发利用，或将取得巨大的经济效益，带动航天技术的快速发展。

关键突破点

对于近地小天体问题，应从科学、工程、法律与政策三方面开展研究。科学方面，重点关注太阳系及小天体的起源与演化问题；工程方面，形成技术体系，重点研究近地小天体的普查与编目、预警与防御，以及开发与利用等问题；法律与政策层面，制定和完善相应国内法律政策，推动国际法律法规政策体系发展，扩大国际影响力，寻求合作与共同发展。

1. 起源与演化

小天体是46亿年前太阳系初期形成的小行星、彗星及流星体，其独特的物理、化学特性和矿物质特性，将成为揭示太阳系起源及演化过程等重大科学问题的关键。通过小天体探测可获取小天体内部结构和组成成分信息，探索小天体的起源和形成机制、探索小天体母体分异机制、探索地球生命起源以及探索恒星演化和行星形成关系、评估近地小天体撞击地球的威胁以及为防御手段及方式提供约束和依据等。

2. 普查与编目

小天体数量众多且轨道不断演变，需建设空间基础设施，对十米量级直径的近地小天体进行普查与编目，对其中的高价值、高风险目标进行定位、跟踪观测、定轨，从而系统性解决近地小天体普查与编目问题。与地面观测系统协同，对有潜在威胁的目标开展监测与撞击预警。优化观测策略，服务原位资源开发目标选取。

3. 预警与防御

小天体预警可采用地基监测系统和天基监测系统，按照成像方式的不同可以分为可见光观测、红外谱段观测和雷达探测；地基小天体监测系统所用到的天文望远镜的孔径一般为 1~4 米，分布于全球不同的观测地点；天基小天体监测系统所用到的天文望远镜孔径一般为 0.5~2 米，位于 LEO、地－日平动点等轨道。除观测基础设施之外，还需提高性能计算设施配套、组成全球及区域性的预警网络。

对于小天体防御，若有足够的预警时间，可以通过改变小天体轨道避开地球；若无法实现对小天体轨道的改变，也可考虑使小天体分裂成碎片，然后将碎片避开地球或者将碎片的破坏性减少到足够小。具体技术途径可采用核爆、动能撞击、引力牵引、激光烧蚀等多种方式。

4. 开发与利用

小天体可以整体进行开发，利用小天体自身的轨道特性、物质特性等，有多个方向的开发可能，其首要目标是降低太空运输成本、建设太空基础设施。目前多家商业航天公司均瞄准小天体资源开发利用，开展相关研究。小天体资源开发利用问题涉及的主要难点如下。

（1）小天体物质资源的获取与制备技术

物质资源的获取与制备是维持基地系统长期正常运行的重要条件。利用小天体上蕴藏的丰富物质资源，采用物理或化学手段实现地外环境下的能源资源的收集、分离、提炼、储存和利用是解决长期驻留能源问题、实现太空工业发展的有效途径。可重点发展水、氢、氧等资源的获取与制备，进而获得太空探索所必需的推进剂，并研究水推进等新型技术。金属 M 型小天体多蕴含铁和镍元素，还可能含有铂、钴、铑、铱、锇等地球上稀缺的金属元素，因此可重点发展在太空环境下的金属冶炼技术，并以此带动太空运输业等产业链的发展。

（2）太空基础设施建造技术

在有效获取了小天体上能源与物质资源的基础上，需要进一步发展太空基础设施建造技术。可将能源与物质资源运送至地外天体表面或特定轨道上，研究在弱引力表面环境下或太空失重状态下的增材制造技术。可重点研究 3D 打印成型机理、制造材料设备等内容，并研究利用激光、电子束、X 射线、声学、电磁和化学等手段进行维修和无损评估方法。

（3）资源回收和循环利用技术

小天体的资源众多但并不是无限的，且运输成本高昂，因此需要研究生产资料的回收和循环利用技术，对制造生产和消耗过程中的废料进行分类处理，通过回收和循环利用增强小天体的资源利用率。可重点研究水资源的回收与循环利用、矿物资源的回收与循环利用技术等。

5. 法律与政策

小天体调查防御与开发问题，不应是个别国家或企业机构所面临的问题，而是全世界、全人类未来发展所共同面临的重大问题。作为世界主要航天国家，我国应在国际空间法的框架下，积极应对，制定相应法律法规，出台相关政策，努力寻求国际合作。

战略意义：开展近地小天体调查、防御与开发问题的研究，对建设科技强国具有深远的战略意义，可归纳为以下五点：

（1）通过对太阳系早期形成的小天体的深入研究，可以发现太阳系演化和生命起源线索，促进前沿科学的发展。

（2）开发利用小天体蕴藏的水和矿物资源，可降低深空探测转运成本，促进太空经济全产业链发展。

（3）对小天体的长期监视预警，可有效减小撞击灾害，保护地球安全，建设行星防御体系，展现负责任大国形象和践行人类命运共同体的理念。

（4）可整合、拉动地面设施、深空探索与操控、太空介入、太空经济、大科学工程和军民融合等能力的研究与发展，牵引任务及轨道设计、自主导航控制、深空探测与通信、热控、新能源利用、先进推进、先进载荷等多方面航天技术的进步，并带动新兴技术转化，推动我国航天强国的建设。

（5）通过相应法律法规与政策的制定，可促进我国航天领域的快速发展，积极推动并引领国际合作，增强我国在国际航天领域的话语权。

11 大地震机制及其物理预测方法

中文题目	大地震机制及其物理预测方法
英文题目	Mechanism of Major Earthquakes and Their Physical Prediction Methodology
所属类型	前沿科学问题
所属领域	基础研究
所属学科	地球科学
作者信息	秦四清　中国科学院地质与地球物理研究所
推荐学会	中国岩石力学与工程学会
学会秘书	王　焯　牛景蕊
中文关键词	大地震；地震机制；锁固段；物理预测方法
英文关键词	major earthquake；earthquake mechanism；locked segment；physical prediction method
推荐专家	冯夏庭　东北大学教授，中国岩石力学与工程学会理事长
	何满潮　中国科学院院士，中国矿业大学教授
	王思敬　中国工程院院士，中国科学院地质与地球物理研究所
	李　晓　中国科学院地质与地球物理研究所研究员
	方祖烈　北京科技大学 教授

专家推荐词

孕震断层多锁固段脆性破裂理论很好地描述了板内和板间地震产生过程，有望从根本上解决地震预测预报这一世界性科学难题，进而提高人类预防地震灾害的能力，亦有助于大幅提升我国在国际地球科学领域的学术地位。

问题背景

大地震是人类面临的严重自然灾害之一，常造成重大的人员伤亡与财产损失。显然，大地震预测是防震减灾工作的重中之重，只有彻底解决了该科学问题，才能最大限度地取得减灾实效。尽管国内外诸多学者在地震预测研究中已做出了巨大努力，但由于未能掌握大地震的前兆、机制和规律，仍无法做出可靠的预测预报。

关键突破点

我们汲取前人失败的教训，另辟蹊径找到了解决大地震预测科学难题的新途径，即澄清发震载体、进而认识其力学行为和演化机制是解决该难题的关键，其中建立发震载体损伤过程中体积膨胀点与峰值强度点之间的力学联系是解决该难题的突破口。

自 2009 年以来，我们经过近 10 年的探索取得了突破性进展——提出了孕震断层多锁固段脆性破裂理论，并构建了一套大地震危险性评估及其中长期预测方法体系。该项成果在多个方面均实现"从 0 到 1"的突破，具有显著的原始创新性，下面逐一简要说明。

（1）明确了发震载体：指出地震区内孕震断层锁固段是承受应力集中、积累高能量的载体（图 1），其脆性破裂发生不同规模的地震，主控着构造地震的演化过程。

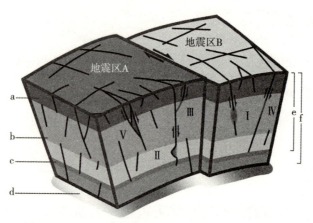

a：沉积盖层　b：康拉德不连续面　c：莫霍洛维奇不连续面　d：软流圈　e：地壳　f：岩石圈

Ⅰ岩桥；Ⅱ凹凸体；Ⅲ断层交汇处的坚固体；Ⅳ闭锁段；Ⅴ断层所围限的块体

图 1　地震区内孕震锁固段示意图

（2）发现在锁固段断裂前的体积膨胀点处会出现可识别前兆：锁固段具有大尺度、扁平状的几何特征，且承受高温、高围压作用和极其缓慢的剪切应力（应变）加载或应力腐蚀作用，其非均匀性强且脆性破裂程度低，使其在断裂前呈现特定的破裂事件活动模式，即在锁固段体积膨胀点处发生一次高能级特征破裂事件——标志性地震，其能级高于峰值强度点之前加速破裂阶段其他事件（预震）的能级（图2），在峰值强度点发生另一次标志性地震。前一个标志性地震可作为判识锁固段体积膨胀点的特征事件，亦为锁固段断裂前的可判识前兆。

（3）构建了锁固段峰值强度点与体积膨胀点之间的力学关系：基于损伤理论和重整化群理论，建立了锁固段峰值强度点处剪切应变与体积膨胀点处剪切应变的表达式，发现其比值可近似为常数 1.48，进而提出了多锁固段断裂的临界应变准则。该常数的存在避免了测定锁固段几何与力学参数的困难，使得对标志性地震的预测成为可能。对 62 个地震区［涵盖全球两大地震带——环太平洋地震带和欧亚地震带，见（5）］震例的回溯性分析表明，该准则具有普适性，能很好地描述板内和板间地震区浅源、中

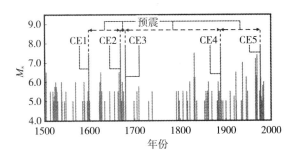

[发生在该区的标志性地震为：1597 年 10 月 6 日渤海 M_S7.5 地震（CE1）、1668 年 7 月 25 日郯城 M_S8.0 地震（CE2）、1679 年 9 月 2 日三河 – 平谷 M_S7.8 地震（CE3）、1888 年 6 月 13 日渤海湾 M_S7.8 地震（CE4）和 1976 年 7 月 27 日唐山 M_S7.8 地震（CE5）]

图 2　唐山地震区 1500—2000 年 $M_S \geqslant 5.0$ 地震序列[25]

源和深源标志性地震的演化。

（4）阐明了锁固段变形破坏过程中的能量转化与分配原理，并据此导出了主震判识的震级准则和能量准则，论证了锁固段累积 Benioff 应变比可替换剪切应变比，提出了锁固段破裂事件的震源参数计算方法。

（5）明确了地震区的物理含义，编制了全球地震区划分图：以区域性大断层为界或受板块边界约束的构造块体（例如俯冲板块）内的断层、地震具有内在联系；相反，相邻构造块体只通过剪切或挤压作用影响特定构造块体的加载或卸载方式，而不影响该块体内部地震活动所反映的内在演化规律。因此，地震区可定义为代表相应构造块体地震活动的区域（图 1），其可表征该块体内源自锁固段破裂的地震活动性。目前，已编制完成《中国及其周边地震区划分图》和《全球地震区划分图》，其可为地震预测提供坚实的地震地质依据。

（6）提出了地震区地震周期旋回概念（图 3）：地震区内多锁固段按照承载力由低到高次序依次断裂。当最后一个锁固段断裂时主震发生，与主震有关的后续地震为余震。余震活动结束后，新一轮地震周期将开始。

（7）明确了可预测地震事件类型：指出孕震锁固段具有层级结构，锁

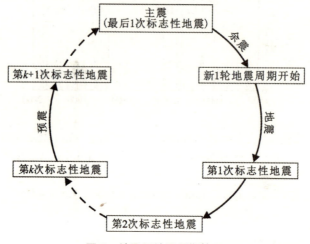

图 3　地震区地震周期旋回

固段和次级锁固段体积膨胀点和峰值强度点对应的地震——标志性事件，因其具有明确的物理意义且遵循确定性的演化规律，为可预测地震事件类型。

（8）提出了标志性事件预测方法以及首发前震判识方法。

（9）前瞻性预测与验证震例：分析了全球 62 个地震区的未来震情，目前已有 8 次标志性事件的前瞻性预测案例得到证实（表 1），这初步表明我们的理论和方法能经得起重复性检验。

（10）提出了地震危险性评估新方法：我们提出了一种以物理预测为基础的地震危险性评估新方法，并将其应用于雄安新区地震危险性评估。我们的建议——"雄安新区抗震设防烈度从原 Ⅶ 度调整为 Ⅷ 度为宜"已被国务院批复的《河北雄安新区规划纲要（2018—2035 年）》采纳。

该理论能很好地描述地震产生过程，表明已找到了破解地震物理预测难题的正确途径，具有良好的发展和应用前景。然而，限于时间和经费，仍有一些重要问题亟待解决，如标志性事件前地震平静期出现的物理机制、平静期与后续标志性事件的关系，以进一步提高标志性事件的时间预测精度。

表 1 标志性事件前瞻性预测案例

地震名称	震源位置 （经度 /°，纬度 /°，深度 /km）	震级（M_S）	预测临界 CBS 值 与实测值（$J^{1/2}$）	备注
2011.03.24 缅甸 M_S7.6 地震	99E，22N，11 ~ 17	8.0	1.816×10^9	预测值
	99.8E，20.8N，20	7.6	1.828×10^9	实际值
2012.09.07 云南昭通 M_S5.7 和 M_S5.6 双震	103.2 ~ 104E，27.4N，10 ~ 24	5.4 双震	6.3×10^7	预测值
	104E，27.5N，14（M_S5.7） 104E，27.6N，10（M_S5.6）	5.7，5.6 双震	6.6×10^7	实际值
2013.04.20 芦山 M_S7.0 地震	104.3E，32N，12 ~ 14	6.9	2.07×10^9	预测值
	103E，30.3N，13	7.0	2.0×10^9	实际值
2013.07.22 岷县漳县 M_S6.6 地震	104E，37N，15 ~ 25	6.2	3.4×10^8	预测值
	104.2E，34.5N，20	6.6	3.33×10^8	实际值
2014.02.12 于田 M_S7.3 地震	81.5E，36.4N，10 ~ 21	6.8 ~ 7.2	7.38×10^8	预测值
	82.5E，36.1N，12	7.3	7.23×10^8	实际值
2014.05.30 云南盈江 M_S6.1 地震	99E，22N，/	6.1 ~ 6.7	3.48×10^5	预测值
	97.8E，25N，12	6.1	3.52×10^5	实际值
2014.10.07 云南景谷 M_S6.6 地震	101.1E，23.4N，5 ~ 15	6.4 ~ 6.8	1.08×10^5	预测值
	100.5E，23.4N，5	6.6	1.14×10^5	实际值
2017.11.12 伊拉克 哈莱卜杰 M_S7.8 地震	46.5E，34.2N，10 ~ 30	7.7 ~ 8.2	3.56×10^9	预测值
	45.75E，34.9N，~ 20	7.8	3.46×10^9	实际值

战略意义

该研究奠定了标志性事件可预测性的物理基础，有望从根本上突破乃至解决大地震预测这一世界性科学难题，这势必会在科学、经济和社会效益层面产生重大影响和引领作用。

科学层面：可带动地球科学相关学科的跨越式发展，进而孵化出一系列重大原创性成果，大大提升我国在国际地球科学领域的学术地位。

经济和社会效益层面：可大幅提升人类预防地震灾害的能力，最大限度地取得减灾实效。

12 原创药物靶标发现的新途径与新方法

中文题目　原创药物靶标发现的新途径与新方法

英文题目　New Ways and Methods for Original Drug Target Discovery

所属类型　前沿科学问题

所属领域　药学领域

所属学科　药学

作者信息　孔令义　中国药科大学

　　　　　　郝海平　中国药科大学

推荐学会　中国药学会

学会秘书　孙文虹

中文关键词　原创药物；靶标发现；天然药物；内源性代谢物

英文关键词　original drug；target discovery；natural medicines；

　　　　　　endogenous metabolites

推 荐 专 家　孙咸泽　第十三届全国政协教科卫体委员会副主任；

　　　　　　中国药学会理事长

专家推荐词

通过生命科学的深入研究，发现对疾病发生、发展具有重要影响的基因、酶、受体等生物大分子和相关的调控通路；利用已有的生物活性分子去发现它们的作用靶标，这两个发现和确证药物作用的新靶标、新机理的主要途径是实现我国原创药物研发的重要突破点。

问题背景

原创药物靶标缺乏是制约我国创新药物研发的核心瓶颈问题，导致我国当前仍以跟踪仿创为主，难以实现 First-in-Class 类创新药物研发。我国加入 ICH 后，Me-too 类跟踪创新药物研发已没有发展前景。从国际上看，近年来的统计数据显示，药物新靶标的发现陷入了瓶颈，药物靶点停滞在 700 个左右，提示原创药物的靶标发现与确证这一重大科学问题亟待突破，迫切需要新思路、新方法和新技术的介入。

发现和确证药物作用的新靶标、新机理通常有两个主要途径：一是通过生命科学的深入研究，发现对疾病发生、发展具有重要影响的基因、酶、受体等生物大分子和相关的调控通路；另一个途径是利用已有的生物活性分子去发现它们的作用靶标。

中药及天然药物是中华民族的瑰宝，其几千年的临床应用历史证明了其在治疗慢性、复杂多基因病变中的临床有效性，其临床疗效优势的国际认可度逐步提升。但是，天然产物及中药为何有效、通过何种靶标发挥疗效是药学领域悬而未决和亟待回答的关键科学问题，阐明天然产物的药效物质基础则是回答这一科学问题的基础，而基于临床确有疗效的天然药物和中药进行靶标挖掘则是发现全新靶标的重要途径。此外，最新研究报道了多种内源性代谢物在多种疾病状态下具有异常的动态变化谱，并且能通过表观遗传、转录、翻译后修饰等多种途径影响疾病的发生、发展进程，该类功能性内源性代谢物的靶标发现和作用机制的阐明为原创药物的研发提供了新的思路。综上，对于功能明确、靶点未知的天然药物及内源性代谢物的靶标发现和确证这一重要科学问题为重大疾病的关键作用靶点的发现提供了新视角，是实现我国原创药物研发的重要突破点。

关键突破点

目前对天然药物和内源性代谢物的靶标发现的主流思路 / 方法是通过化学分离与活性筛选相结合的方法，基于针对某单一靶标进行体外筛选所获得的信息，开展相应的作用靶标与机理研究。基于这一方向，众多中药成分的活性与作用机理得以阐明，并成功研发了青蒿素、三氧化二砷等创新中药。然而，这一研究模式具有局限性，不符合天然产物、内源活性分子的多靶标协同整合作用的特点；所发现靶标多局限于已知高丰度蛋白，如何发现生物体内低丰度但活性强的新靶标尚缺乏普适的科学技术。因此，从蛋白网络层面阐明外源性天然药物及内源性代谢物等功能分子通过何种靶标、信号通路发挥对疾病的发生、发展和治疗的机理仍然不清楚，制约了以天然药物和内源性功能分子为导向的原创药物的研发。

近年来，基于质谱的化学蛋白质组学技术的突破为明确天然药物及内源性代谢物等小分子物质的靶标带来了新的机遇。通过化学生物学的手段修饰目标功能分子，合成能够在活体动物、活细胞上结合靶蛋白的单分子化学探针，基于点击化学的蛋白质垂钓技术，能突破常规各种体外药效筛选模型对单一靶标体系的依赖，实现在真实生物系统中明确目标功能化合物结合的靶蛋白网络。通过该技术在天然药物的靶标发现研究中的运用，明确了三萜天然产物广谱抑制流感、埃博拉和 HIV 等病毒感染的共性作用靶点和机制，有助于新型抗病毒药物的研发；阐明了黄芩苷对抗脂肪肝的作用靶标为线粒体内的 CPT1A 酶，为开发具有高特异性、亲和力的保肝药物提供了思路。在内源性代谢物的靶蛋白发现研究中，以天然胆酸分子结构为基础设计分子探针，系统地揭示了胆汁酸的结合蛋白与神经退行性疾病、非酒精性脂肪肝以及腹泻疾病的密切关联，为治疗上述疾病提供了许多潜在的原创药物研发的新靶点。

然而，该技术的运用仍具有若干关键难点和挑战。一是化学探针的设计和合成具有通量低、合成难度大、技术瓶颈高的特点，不利于对于众多作用机制亟待阐明的目标分子的靶标发现研究的推广和应用；二是探针分子对目标化合物分子进行衍生化极易影响原始结构－靶蛋白的相互作用，从而导致靶标发现的结果出现偏差；三是现有技术难以实现对目标小分子－靶标结合构象的全景式精细描述，缺乏对后续基于靶标进行原创药物设计的理论支持。为了实现针对天然药物和内源性功能分子的原创药物靶标发现，我们亟待突破现有的技术瓶颈，实现在真实的生理环境中以高通量同时获得多个目标化合物的结合靶蛋白网络信息，为丰富、完整地描述小分子－靶蛋白互作关系奠定结构生物学基础，定量描述互作结合的亲和力和特异性，并最终基于功能小分子－新靶标的互作精细结构设计和筛选先导化合物，加速原创药物研发，有力推动原创药物研发的进度。

战略意义

原创药物靶标发现与确证这一重大科学问题的突破对药学及相关的生物学、医学等交叉领域具有多重影响和引领作用，包括：

（1）在分子机制上，通过开发组学、化学生物学、单分子技术、基因编辑等交叉方法，实现高通量发现外源性天然药物对疾病的治疗机制，为基于中药多组分的现代"多成分多靶标"复方药物研发提供新思路与方法。

（2）对功能性内源性代谢物的结合靶蛋白网络的描绘，从系统生物学的角度展示众多内源性小分子与其靶标错综复杂的结合网络，为阐明内源性代谢紊乱诱导的疾病发病机理奠定科学基础，对针对代谢调控进行原创药物的开发提供指导。

（3）基于上述科学机制的基础研究，实现针对新靶标进行原创药物的研发，通过结合大数据和化合物库的虚拟筛选平台，快速开展基于新型药物靶点的先导物筛选工作；利用高通量生物活性分析，实现规模化、自动化和集成化的优选原创药物分子，加快药物研发进度，有力推动我国具有自主知识产权的原创药物研发进程，实现与现有药物组合，为患者提供更有效、安全、多样化的临床治疗方案。

综上，原创药物靶标的发现和确证是基于新靶标设计原创药物的突破口，是建立高通量、全链条的新药研发平台的基础和创新的源泉，其对科学机制的阐述和临床转化的实现将最终产生重大科技、经济和社会效益，孵育一批具有示范性意义的突破性科研成果和"重磅"新药。

13 中医药临床疗效评价创新方法与技术

中文题目　中医药临床疗效评价创新方法与技术

英文题目　Innovative Methods and Techniques for Clinical Effectiveness Evaluation of Traditional Chinese Medicine

所属类型　工程技术难题

所属领域　中医临床疗效评价

所属学科　中医学 / 中西医结合医学

作者信息　费宇彤　北京中医药大学

推荐学会　中华中医药学会

学会秘书　张霄潇

中文关键词　中医药；临床疗效评价；循证医学；临床研究

英文关键词　traditional chinese medicine；clinical effectiveness evaluation；evidence-based medicine；clinical study

推 荐 专 家　刘建平　北京中医药大学循证医学中心主任，教授，长江学者

专家推荐词

　　该技术可筛选出临床疗效显著且安全性高的中医药干预措施，更能体现出中医特色的治疗病证，可产生用于评价中医复杂干预的方法，对内为民生服务，对外可提升国家科技、经济和文化实力，并可产生一系列独创

的临床研究方法和技术。

问题背景

中医药核心竞争力在于确切的临床疗效证据。

在国内，中医药与西医学一起为国民健康服务。中医医院和中医医生提供了约占全国 15% 的医疗服务，中药工业总产值约占医药产业的 30%，但中医药治疗很多为经验性治疗，没有确切的科学研究证据支持。在制定中医药循证临床实践指南的过程中，几乎所有的指南编写组都面临证据不足甚至无证可用的境地，高质量证据则更是缺乏。单凭经验施治，引发医疗纠纷、医学同行认可度和民众舆论压力的风险不断增加。

站在国际角度，中医药作为我国具有原创性的自主知识产权，目前面临急需加强国际核心竞争力的挑战。作为民族传统医学，走向世界的过程必然伴随着外界对于疗效和安全性的种种质疑。中医药国际化将为国家的科技、经济和文化国际化发展做出独特而重要的贡献，也是国家发展的大战略。用国际认可的方法提供中医药疗效和安全性的科学证据，是提高中医药国际核心竞争力的根本所在，也是中医药可持续发展的动力。

关键突破点

科学的方法是指导中医药临床评价的工具。中医药临床疗效评价创新方法与技术的研究已开展了十余年，在这一过程中已经从几乎没有临床科研的方法学指导发展到基本按照临床流行病学与循证医学的方法开展研究。为此，科技部"973"计划、国家自然科学基金委员会和国家中医药管理局相继立项研究，但立项资助的研究数量和经费远远不如基础研究和临床研究本身。因此，评价的技术和方法难题已经成为提供高级别证据的瓶颈问题。

经过十数年的发展，中医药临床疗效评价方法在早期模拟新药经典的安慰剂随机对照试验的基础上，又在队列研究、实用性随机对照试验、定性研究、患者自报告结局（patient reported outcomes，PRO）、真实世界研究、系统综述、meta 分析以及中医药大数据挖掘等方面进行了一些非常有意义的开拓性尝试，也逐步扩大中成药疗效和安全性的上市后再评价研究。这一系列开拓性的研究开启了中医药循证评价的破冰之旅。

然而，面对中医药作为复杂干预的临床疗效评价方法学研究才刚刚起步。既往诸多有益的尝试为中医药长期临床应用经验的总结和疗效的初步证据奠定了基础，但由于生搬硬套经典临床流行病学的研究方法，出现了中医药疗效评价的削足适履现象，为数不多的中医药疗效的高质量证据几乎都对中医药诊疗的本体进行了简化、固化或泛化。

未来，我们面临的关键难点与挑战是自主研发真正符合中医药诊疗本体特点且科学的临床研究方法和技术。国外针对个体化医疗、整体医疗和精准医疗的临床疗效评价需求开展了一些方法技术研究，比如英国医学研究理事会（Medical Research Council，MRC）的复杂干预疗效评价模式、混合研究方法、效力效果评价方法等；也提出了一些植物药和针刺的研究技术要求，如《草药随机对照临床试验的报告：CONSORT 声明细则》（Reporting Randomized, Controlled Trials of Herbal Interventions：an Elaborated CONSORT Statement）和《针刺临床试验干预措施报告标准》（Standards for Reporting Interventions in Controlled Trials of Acupuncture，STRICTA）等。这些都为我们研究中医药临床研究方法和技术提供了很好的借鉴。但上述前者更偏重于宏观理念，落实到实际科研中则理解因人而异，设计水平差异很大，且尚需探索将中医特点结合进去的方法；后者则不包括或刻意回避了中医药的独有特征，如针法、辨证等。因此，我们需要博采众长，自主研究出不再削足适履的中医药临床评价方法，要让"鞋"能够"合脚"。这中间有几个关键问题需要解决：中医证候最小化核心症状的筛选、中医药个体化动态诊疗与现代临床流行病学中序贯试验等相结合的适用性评价、中医所关注的结局与国际公认结局的差异和对其可能的补充、中药安慰剂的制作、针刺手法的客观化呈现和评价、安慰针刺的制作和理论论证、中医药诊疗过程中的人文关怀作用，以及中医药临床试验质量评价技术（如中医诊断、辨证质控和评价、中医药干预措施质控和合理性评价、试验数据质控和合理性评价、中医四诊信息采集质控等）等。上述关键问题立足于中医药诊疗本体特点（整体观和辨证论治），围绕临床科研设计的内核——受试者（participant）、干预措施（intervention）、对照措施（control）和结局（outcome），即 PICO 要素加以展开。

战略意义

实现真正科学地评价地道的中医临床疗效将会产生巨大的科技、经济、社会和国际效应。

（1）筛选出临床疗效显著且安全性高的中医药干预措施，对内可为民生服务，对外可提升国家科技、经济和文化实力。

（2）产生一系列独创的临床研究方法和技术，引领世界范围内的传统医学、民族医学和补充替代医学的临床科研，甚至是现代医学中相类似的干预措施的临床疗效评价方法。

14 人工智能系统的智能生成机理

中文题目	人工智能系统的智能生成机理
英文题目	Mechanism for Intelligence Growth in Artificial Intelligence Systems
所属类型	前沿科学问题
所属领域	信息科学，神经科学，认知科学交叉领域
所属学科	信息科学
作者信息	钟义信　北京邮电大学
推荐学会	中国人工智能学会
学会秘书	贾晓丽
中文关键词	信息科学；人类智能；人工智能；智能的生成机理
英文关键词	information science；human intelligence；artificial intelligence；mechanism for intelligence growth
推荐专家	何华灿　西北工业大学教授

专家推荐词

人工智能是引领现代科技革命和产业变革的战略力量，可使人类从一般性的劳动中解放出来去从事创造性工作，从而对人类社会的发展产生不可估量的伟大贡献。但成功的关键是要理解"智能生成的机理"。

问题背景

20 世纪中叶，信息科学技术迅速崛起，开启了工业时代向信息时代迈进的历史进程。初等的信息科学技术包括形式化信息的获取（传感）、形式化信息的传递（通信）、形式化信息的浅层处理（计算）、形式化信息的执行（控制）等。由于只需要对形式化的信息进行相对简单的处理，因此最先发展起来。这就是今天已经成为普遍社会现实的信息化成就。

随着信息时代社会对信息科学技术的需求不断由简单走向复杂、由初级水平走向高级水平、由表层需求走向深层需求，初等信息科学技术正在快速地向高等信息科学技术演进，信息化正在向智能化演进。这就是"人工智能"科学技术被社会高度关注的基本背景。

与初等信息科学技术很不相同，人工智能不再满足于对"形式化"的信息进行"相对简单"的处理，它所要求的信息应当是"形式、内容、价值"三位一体的完整信息（称为"全信息"），它所需要进行的处理应当是把"全信息"进行复杂的"深度加工"，使之成为解决复杂问题的"智能策略"，以便协助人类不断解决越来越复杂的问题，不断改善人类生存与发展的水平。

于是，一个基本的问题就摆在科学技术工作者面前：怎样才能把"全信息"经过"深度加工"生成解决复杂问题的"智能策略"？把这个问题表述得更规范一些就是：智能是怎样生成的？普适性的智能生成机制是什么？这既是"人工智能"研究的核心问题，也是"人类智能"研究的核心问题。没有对于"智能生成机理"的正确理解和把握，人工智能研究就会处于"盲目摸索"的状态。

令人遗憾的是，经过了半个多世纪发展的人工智能科学技术并没有解决这个核心问题，甚至没有真正触及这个问题。显然，如果不能解决这个核心问题，人工智能的研究就只能在粗浅经验的基础上盲目地"摸着石头过河"，成为经验性的、个别性的而不是科学性的、普适性的人工智能。

注意到"智能无处不需"的客观事实，"摸着石头过河"的经验性、个别性的人工智能研究必然无法满足现实社会的需求。这对人类社会的进步、经济的发展、民生的改善、国家的安防而言，该是多么巨大的缺损和伤痛！

关键突破点

思想指导行动，方法孕育结果。对于科学研究来说，科学观就是科学研究的宏观指导思想，方法论就是科学研究方法的宏观原则；科学观决定了方法论，科学观和方法论决定了研究的全局蓝图（全局模型）和研究方略（研究路径），而研究模型和研究路径则决定了所研究领域的学科基础（包括学科的交叉科学基础和所需要的数理基础），后者又决定了学科的基础概念和基本原理。这就是科学研究活动本身的体系结构。

因此，若要探寻人工智能的深层奥秘（如普适性的智能生成机理）、全面建立人工智能的基础理论，就必须从人工智能研究的顶层入手，即从人工智能研究所践行的科学范式（科学观和方法论）入手，由此自顶向下逐层展开。否则，就可能使研究工作的方向走偏或者发生重要的疏忽和遗漏。

至于人们所熟悉和热衷的"算法"和"算力"虽然也很重要，但它们都属于比较低层的技术手段，它们可以用来改进具体的人工智能系统（或子系统）的技术性能。但是，没有科学范式、全局模型和研究路径的变革的"算法算力",却几乎触及不到人工智能"生成机理"这样深刻的问题。

抓住人工智能研究的"科学范式",才算抓住了"牛鼻子"。

基于以上的认识,如果深入研究人工智能的本质就可以理解:人工智能是高级复杂的信息系统,理应遵循信息科学的科学范式(科学观和方法论)。然而,考察人工智能研究的起源和历史却可以发现,自人工智能诞生之日起,它就接受了传统物质科学的科学范式的引领——把"智能"看作是脑物质的功能,因而按照物质科学"分而治之"的方法把人工智能的研究分解为三大分支领域:① 模拟大脑新皮层结构的人工神经网络研究;② 模拟大脑思维功能的物理符号系统(后来收缩为专家系统)研究;③ 模拟人类行为的感知动作系统研究。可见,人工智能研究在科学范式的问题上犯了"张冠李戴"的忌讳——用传统物质科学的科学观和方法论(张冠)指导人工智能的研究活动(李戴)。

这当然是历史交替时期所产生的特殊问题——当人工智能研究在20世纪中叶快速兴起时,学术界还没有信息科学的科学范式可用(任何科学范式都要在长期科学实践的基础上才能逐渐形成,而整个信息科学是在20世纪中叶才急速兴起的,还没有来得及形成自己特有的科学范式),只有传统物质科学的科学范式可用。因此,初期的人工智能研究沿用了(借用了)传统物质科学的科学范式,这是难以避免的,也是可以理解的。

问题在于,作为高级复杂信息系统的人工智能研究,不应当一直借用传统物质科学的科学范式,而必须总结和践行自己(信息科学)的科学范式,这样才能走上健康发展的正确轨道。这,就是今日人工智能研究的关键突破口。

一旦在科学研究的最高层面确立了人工智能研究的正确的科学范式(科学观和方法论),清除了科学范式上的"张冠李戴"弊病,就可以做到"一清百清,一正百正,一通百通",并且自顶向下地引发一系列的重大突破，直捣黄龙，揭开笼罩在"普适性智能生成机理"上的神秘面纱，建立起科学完备的现代人工智能的基础理论。

颇为值得深思的是，半个多世纪以来，国内外一代又一代如此众多的人工智能研究者们都在乐此不疲地研究各种具体的人工智能算法，兴致勃勃地关注各种具体人工智能系统的性能改善，却没有人能够"仰望星空"，站在时代更替（工业时代向信息时代迈进，物质科学时代向信息科学时代迈进）这个高度来关注人工智能研究最根本的问题——科学范式"正位"的问题，以至竟然无人注意到人工智能研究的科学范式存在"张冠李戴"的问题。这是典型的"只见树木，不见森林""捡了芝麻，丢了西瓜"。这是一个值得认真汲取的"世纪教训"！

现在，该是解决这个问题的时候了。

战略意义

人工智能科学以模拟和扩展人类智能为研究目标，如果人类掌握了"普适性智能生成机理"，就可以制造大量的各种各样的人工智能机器为人类服务。因此，人工智能科学技术的战略意义就是"把人类从重复性的体力劳动和需要技巧但有规可循的智力劳动中解放出来"，使人类有更多的时间和精力去强健身体、充实知识和强化能力，最终的目的是发挥人类独有的贡献——从事创造性的工作。

这样，人类发挥自己"创造性地发现问题"的优势，人工智能机器发挥它们的"高效率高质量地解决问题"的优势，人机合作，强强联合，优势互补，不断地发现问题和解决问题，不断改善人类生存和发展的环境和条件，不断地促进社会的进步。这对人类社会的进步、经济的发展、科技的创新、环境的优化、民生的改善、国家的安防都会产生史无前例且无可估量的贡献。

15 氢燃料电池动力系统

中文题目	氢燃料电池动力系统
英文题目	Hydrogen Fuel Cell Engine Power System
所属类型	科技问题
所属领域	机械学
所属学科	汽车工程
作者信息	赵立金　中国汽车工程学会
	姜建娜　中国汽车工程学会
推荐学会	中国汽车工程学会
学会秘书	姜建娜
中文关键词	氢燃料电池发动机；新能源汽车；功率密度；电堆
英文关键词	hydrogen fuel cell engine；new energy vehicle；power density；stack
推 荐 专 家	李　骏　中国工程院院士，中国汽车工程学会理事长，清华大学教授
	张进华　中国汽车工程学会常务副理事长兼秘书长

专家推荐词

该产业将成为我国新经济增长点和新能源战略的重要组成部分，对加快我国氢燃料电池汽车的产业化应用、完善新能源汽车产业及技术布局、提升国际竞争力和科技创新实力、保障国家能源安全、改善环境污染等具有显著意义。

问题背景

氢能燃料电池汽车所用的氢气可以从各种能源（包括可再生能源）中转化而得，具有可以大规模稳定储存、持续供应、远距离运输、快速补充的特点和优势。在未来以分布式为主、零排放为特征的能源构架中，氢能源系统会与电力系统并存互补，共同满足交通运输、家庭生活、工业生产的能源需求。燃料电池是一种以电化学反应方式将氢气与空气（氧气）的化学能转变为电能的能量转换装置。由于不经过高温燃烧过程，唯一的排放产物是水，没有污染物排放；同时只要能保障氢气的供给，燃料电池将会持续输出电能，因此大力发展氢能燃料电池汽车对改善能源结构、发展低碳交通、改善环境污染问题具有重要的意义。然而，目前氢燃料电池汽车的最关键的核心技术——氢燃料电池发动机还需要突破。成功实现燃料电池汽车的商业化，要求其采用的燃料电池动力系统必须在性能、寿命和成本等方面达到能够与传统内燃机汽车相当的水平，并且与其他可替代技术相比具有一定的竞争力。

关键突破点

（1）功率密度提升技术。功率密度是车用燃料电池的动力输出指标，它对燃料电池动力系统的小型化、轻量化以及成本影响最大，该指标是乘用车最重要的技术指标。提高燃料电池电堆工作点和采用薄金属双极板是提升燃料电池电堆功率密度的主要技术路线，特别是膜电极（MEA）结构与双极板流场结构的同步优化有效减轻了燃料电池的传质极化，让工作点的提高成为可能，使得相同尺寸电堆输出功率大幅提升。另外，金属薄板冲压技术及表面改性技术的逐步成熟让金属双极板的应用成为可能，使得具有相同输出功率的电堆尺寸及质量大幅降低，由此，燃料电池电堆比功率指标得到大幅提升。

（2）耐久性提升技术。寿命是燃料电池动力系统实现车用的基本指标，目前普遍认可的要求是在性能衰减 10% 水平下运行 5000 小时（轿车，相当于 20 万千米）。国内相关企业氢燃料电池的稳定寿命还在 3000 小时左右，而国际先进技术已经达到 5000 小时以上。从已有的研究结果来看，燃料电池关键材料及零部件（如 MEA、双极板以及密封材料）的耐久性是影响电堆寿命的关键因素之一。其中，高耐久性 MEA 的开发得到了最多的关注，其技术难点在于：一方面为了追求高的电输出性能指标而采用了更薄的质子交换膜，加大了 MEA 发生机械和化学衰减的风险，从而使电池寿命受到影响；另一方面为了降低成本，要求 MEA 担载更少的贵金属催化剂或采用复合甚至非贵金属催化剂，这会带来不充分或不均匀的电极反应或催化层结构的不稳定，同样不利于提高燃料电池的寿命。与此同时，为开发高功率密度电堆而采用的金属双极板的寿命问题也得到了更多关注，通过表面改性技术的开发提高其耐腐蚀能力是避免金属双极板成为电堆寿命制约因素的关键。

战略意义

提高我国燃料电池发动机功率密度和降低发动机与相关模块成本，完成高功率密度、低成本的燃料电池发动机研发，对加快我国氢燃料电池汽车的产业化应用、完善新能源汽车产业及技术布局、提升国际竞争力和科技创新实力、保持汽车产业持续发展、保障国家能源安全、改善环境污染、减少碳排放、抑制气候变化等具有非常显著的意义。

16 可再生合成燃料

中文题目	可再生合成燃料
英文题目	Renewable Synthetic Fuels
所属类型	前沿科学问题
所属领域	工程与材料科学
所属学科	动力与电气工程
作者信息	程 军 浙江大学
推荐学会	中国工程热物理学会
学会秘书	宋娟娟
中文关键词	合成燃料；可再生能源；二氧化碳转化；高效清洁燃烧
英文关键词	synthetic fuels；renewable energy；carbon dioxide conversion；efficient clean combustion
推荐专家	齐 飞 上海交通大学教授、中国工程热物理学会燃烧分会秘书长
	姚 强 新疆大学教授、中国工程热物理学会燃烧分会主任
	肖 睿 东南大学教授、中国工程热物理学会燃烧分会委员
	严建华 浙江大学教授、中国工程热物理学会燃烧分会委员

专家推荐词

利用太阳能、风能、生物质能等可再生能源，转化利用二氧化碳设计出适合高效清洁燃烧的合成燃料分子结构，实现 $CO_2+H_2O \rightarrow C_xH_y$ 的分子转换，生产合成甲烷、醇醚燃料、烷烃柴油、航空燃油等可再生合成燃料。

问题背景

十九大报告指出，要建设美丽中国，构建清洁低碳的能源体系。我国作为世界上最大的能源消费国与二氧化碳排放国，未来能源变革的重点在于改善现有能源结构并降低二氧化碳排放。我国已经制定了 2050 年非化石能源消费占比 50% 的目标，可再生能源是国家能源安全和可持续发展的必然要求，绿色低碳的可再生合成燃料将成为未来能源结构中的重要组成。二氧化碳不仅是温室气体的主要成分，更是一种廉价丰富的潜在碳资源。利用太阳能、风能、生物质能等可再生能源，转化利用二氧化碳设计出适合高效清洁燃烧的合成燃料分子结构，实现二氧化碳 + 水 →碳氢化合物（$CO_2+H_2O \rightarrow C_xH_y$）的分子转换，生产合成甲烷、醇醚燃料、烷烃柴油、航空燃油等可再生合成燃料，有望成为能源环境问题的有效解决方案。目前，可再生合成燃料面临的前沿科学问题分为以下几个方面。

1. 光热转化二氧化碳合成燃料

太阳能是历史悠久的能源利用形式，人类所需能量的绝大部分都直接或间接地来自太阳。二氧化碳的化学转化利用涉及两个重要问题，一是氢源问题，二是能耗问题。作为来源广泛的可再生资源，太阳能提供了丰富的光热能源，氢气可由太阳光驱动的水电解或水光解反应产生。

关键突破点

（1）光催化还原二氧化碳是模拟生物光合作用，利用半导体催化剂在光照条件下产生光生电子和空穴对，诱导二氧化碳与水分解产生的质子发生氧化还原反应生成碳氢化合物。虽然光催化还原二氧化碳的研究起步较早，并且已发展了氧化物、氮化物和硫化物等多类光催化材料，但已开发的光催化还原二氧化碳材料存在三个不足：一是普通二氧化钛的晶体禁带宽度为 3.2eV，仅能吸收占太阳能总能量 7% 的紫外光，对太阳能全光谱利用率低；二是光生电子和空穴容易复合，降低了对光生电子的利用效率；三是高附加值碳氢化合物的选择性较低。故开发能带结构合适的宽光谱响应的半导体捕光材料以及光催化剂表面构筑水氧化和二氧化碳还原的助催化剂是重要研究方向，不但能够促进光生电子和空穴的高效分离，而且能有效降低表面反应的活化能、加快反应速率。

（2）热化学还原二氧化碳是在高温高压条件下将二氧化碳还原为一氧化碳并进一步催化加氢生成碳氢化合物的过程，目前研究主要是基于金属及其氧化物循环，过程所需能量由太阳能集热板提供。学者们在降低二氧化碳分解温度方面做了很多尝试和努力，但由于反应过程中温度太高引起参与循环的金属氧化物烧结，进而导致金属氧化物活性大大降低，并且循环重复性严重下降。故设计合理的金属氧化物循环、降低分解温度和产物分离难度、提高热化学循环效率是未来研究的重点。

（3）光热反应溶液性质对还原二氧化碳反应过程具有重要影响。在酸性溶液环境中，因氢离子（H^+）过量导致析氢竞争反应更易进行；而在碱性溶液中，二氧化碳还原更易生成碳酸根离子（CO_3^{2-}）和碳酸氢根离子（HCO_3^-），故二氧化碳还原必须在接近中性溶液中进行反应。通过分析二氧化碳各还原产物的生成机理和反应路径，调节关键中间产物的生成量、拓宽溶液条件限制、抑制竞争反应增强产物选择性、提高能量转化效率是未来研究的重点。

战略意义

光催化还原二氧化碳利用可再生的太阳能资源，所需能耗低、过程无污染、反应条件温和且经济性好，有望真正实现二氧化碳资源化利用。不仅能减少二氧化碳排放、缓解温室效应，还能生产碳氢燃料、缓解能源危机问题，具有保护环境和解决能源危机的双重意义。

2. 电催化还原二氧化碳合成燃料

风能、光伏、潮汐能等可再生能源利用取得长足发展，在国内外许多工程项目已投入实际运行。但是可再生能源不稳定并且相对分散，目前难以被电网有效消纳利用，造成很多弃之不用的"垃圾电"。而充分利用这部分废弃电能还原二氧化碳开发新型储能技术，得到便于储存运输的可再生合成燃料，将成为可再生电能利用的高效经济方式。

关键突破点

（1）目前电催化还原二氧化碳方法已能够在电阴极上催化加氢合成许多高价值的碳氢化合物及其衍生物，如一氧化碳（CO）、甲烷（CH_4）、甲醇（CH_3OH）、甲酸（HCOOH）等。然而电催化还原二氧化碳过程十分复杂，可通过两电子、四电子、六电子及八电子等途径进行还原，其还原产物种类以及法拉第效率随着电极材料、催化剂、电解质溶液、系统施加电位及温度压力不同而改变。电阴极催化反应中通常伴随严重的析氢反应并与二氧化碳还原反应形成竞争，其反应条件对还原产物生成路径的影响机理尚不明确，需要通过原位红外光谱、原位拉曼光谱等方法剖析其中间产物，确定二氧化碳在电解质中的转化路径及反应过程。通过量子化学计算进行过渡态搜索，确定反应的过渡态自由能，寻找关键控速基元反应，能有效提高转化效率和选择性。

（2）二氧化碳在水中溶解度低抑制了二氧化碳还原反应，造成还原反应速率慢且所需过电位高，故二氧化碳转化效率低、能耗高。为了增加电极与二氧化碳的接触面积，开发具有可调控表面亲水 / 疏水性能的气体扩散电极引起很大关注。然而气 / 液 / 固三相界面结构及其传质流动等多相反应动力学对二氧化碳还原的影响机制尚不明确。为了增加二氧化碳在电解质溶液中的溶解度，目前已对常用的有机电解质溶液及离子液体中的电催化还原进行了一定研究。但是电解液与二氧化碳的结合形式、低电位下二氧化碳的催化还原反应路径尚不明确，故增加二氧化碳在电解质溶液中的溶解度、降低二氧化碳还原反应过电位、提高二氧化碳转化效率是电催化还原二氧化碳研究亟须解决的问题。

（3）将可再生能源制氢反应与二氧化碳还原反应协同，研究反应体系的多相传质与能量传输十分关键。揭示气液两相流场布置、离子构成及 pH 值对合成目标产物选择性的影响机理；剖析电解液中各离子和中间产物在多物理场作用下的扩散迁移特性及其对体系能量损失的影响机理；优化气液两相流场和电极结构设计，改善催化反应界面的局部环境，强化反应界面能质传输，从而提高合成高值产物的选择性。

战略意义

近年来，风电和光电建设在我国政策支持下发展迅猛，然而如何合理消纳这部分电能是可再生能源利用中的关键问题。将燃煤电厂和煤化工厂等工业集中排放的二氧化碳通过电催化还原合成碳氢燃料，将使可再生能源通过新型储能技术得到充分利用，真正有机会进入常备能源之列，这是我国新能源产业革命的重点发展方向，具有重要的经济社会效益。

3. 生物转化二氧化碳合成燃料

生物法转化二氧化碳是利用生物光合作用将二氧化碳与水合成油脂等有机物并释放出氧气的过程。利用微藻等生物化学方法，通过光合作用高效捕集吸收燃煤烟气中的大量二氧化碳，并将固碳生物质转化制取烷烃柴油、航空燃油、合成甲烷等生物油气燃料，对于我国节能减排和低碳经济具有重要意义。故微生物转化烟气二氧化碳制油气燃料已成为节能环保、新能源、低碳循环产业必不可少的关键核心技术。

关键突破点

（1）目前已有学者通过筛选诱变改良方法获得生长快和含油高的固碳藻种，但是对于细胞内光合固碳机理特别是碳浓缩机制的研究尚不深入。关键固碳酶如1，5- 二磷酸核酮糖羧化酶 / 加氧酶（RuBisCO）酶和碳酸酐酶等在高浓度二氧化碳等极端条件下的活性调控尚不明确，含碳活性基团及关键固碳酶在细胞内部的转运调控机制及油脂合成的代谢调控网络尚不明晰，从而严重限制了微藻细胞高效捕集燃煤烟气二氧化碳的能力及效率。因此，亟须解析微藻细胞的光合固碳机理，突破细胞高效固定烟气二氧化碳以及合成高能量密度油脂的竞争反应瓶颈。

（2）烷烃柴油主要通过催化反应过程对生物油脂进行脱氧调控。

传统方法利用动植物油脂进行酸碱催化的酯交换反应得到生物柴油，虽然其燃烧特性与化石燃料接近，可直接应用于发动机，但是当环境温度低于5℃时容易产生絮凝问题，严重影响了其推广应用，故通过化学脱氧得到凝固点显著提高的烷烃柴油是重要研究方向。然而反应催化剂以及油脂穿越细胞多孔界面的微观输运机制尚未揭示，细胞内大分子油脂在催化反应过程中的能质传递机制尚不明晰，故解析生物细胞内油脂大分子脱氧的化学键断裂分解机理及多步基元反应竞争途径是烷烃柴油产业化应用的关键突破点。

（3）近年来，国内外许多航空公司进行了生物航空燃油试飞，但是生物航油较高的生产成本阻碍了其产业化应用。

有学者尝试采用量子化学计算手段分析生物油脂脱氧断键制航油机理，在生物航油转化的基础研究及关键技术上取得可喜进展，但是生物大分子油脂脱氧断键的反应机理模型及中间产物测量方面还有许多问题尚未解决。故研究生物油脂与催化活性位点的相互作用机制及链式反应，进行针对性的催化剂设计定向调控产物组成及燃烧特性，将是生物航空燃油基础研究及产业化开发的重要方向。

（4）将风、光等可再生能源电解水产生的氢气以及燃煤烟气二氧化碳同时送入微生物反应器，在细胞内利用生物酶催化作用将二氧化碳和水反应合成生物甲烷，由废弃生物质降解提供合成甲烷的反应能量，是烟气二氧化碳还原以及可再生能源储能的重要研究方向。然而可再生能源电解水供氢与二氧化碳还原合成甲烷的反应热动力学如何匹配、如何增强合成甲烷的关键生物酶活性、细胞内多元竞争反应如何调控以提高产物选择性等科学问题尚有待解决，故强化细胞生物合成甲烷的直接电子传递、提高其能量转化效率是目前研究的热点和难点问题。

战略意义

生物质能是国家能源战略和实现能源多元化的重要选择。光合作用作为自然界中最为成熟的二氧化碳利用方式，利用生物细胞将二氧化碳和水转化为葡萄糖，再进一步合成碳水化合物、蛋白质和油脂等碳氢化合物。

然而微生物细胞光合作用的生物化学过程尚未完全揭示，提高光合作用效率仍有较大空间。预计到 2050 年，我国生物质资源中有潜力作为能源利用的约 8.9 亿吨标准煤，生物质能发展前景十分广阔。

4. 可再生合成燃料的高效清洁燃烧

合成甲烷、醇醚燃料、烷烃柴油和航空燃油等可再生合成燃料的成分组成与传统化石燃料有一定差别，在发动机中的燃烧及污染物排放特性也与传统化石燃料有明显差异。为了实现可再生合成燃料的高效清洁燃烧，需要对其燃烧特性和反应调控开展深入研究。航空发动机、燃气轮机、内燃机等动力设备对于可再生合成燃料的适应性问题，决定着产业化应用推广的实际效果。

关键突破点

（1）当前对于甲醇、乙醇、丁醇、二甲醚等小分子醇醚燃料的燃烧研究已比较充分，工业上乙醇已广泛应用于内燃机。但是可再生合成燃料在发动机极端工况（高压、低温、高速、超临界、污染空气等）条件下的燃烧特性需要进一步研究，如层流火焰速度、湍流火焰结构、着火延迟时间、火焰传播速率、熄火特性、污染物排放特性等。

（2）大分子生物燃料和高碳氢合成燃料等相关的基础燃烧研究和先进燃烧技术仍需完善。通过检测自由基等中间产物分布，揭示更加完善的燃烧反应机理，建立具有高预测性的可再生合成燃料的燃烧反应动力学模型以及湍流燃烧数值计算模型，指导实现可再生合成燃料的高效清洁燃烧。

（3）可再生合成燃料的最佳工作环境有别于传统化石燃料，需要根据其理化特性和燃烧特性设计相应的存储装置、动力系统和控制机构，确保动力设备安全高效稳定运行。由于可再生合成燃料的来源广泛和形式多样，有必要拓展动力系统对可再生合成燃料的兼容性，满足不同地域和气候条件下的正常运行。

（4）燃料燃烧过程不可避免地会产生污染物，包括重金属、氮氧化物（NOx）、硫氧化物（SOx）、颗粒物和未燃尽碳等。可再生合成燃料具有来源多样性，并与传统燃料性质有一定差别，故如何实现清洁燃烧、实现近零污染排放是其未来规模化应用的前提条件。目前亟待解决的关键问题包括可再生合成燃料在利用过程中的污染物形成与演变机理、污染物的协同脱除机制与方法、高效低污染燃烧动力设备的开发等。

战略意义

目前可再生合成燃料相关的燃烧实验研究较少，故需要系统地开展此类燃料的燃烧基础研究工作。燃料评估与设计、燃烧特性测量与仿真、燃烧调控等是可再生合成燃料发展应用的关键环节，可为其大规模生产和先进发动机应用提供关键支撑，对于揭示发动机中燃烧与湍流相互作用机理和燃烧组织控制具有重要的理论和实用价值。因此，设计出适合高效清洁燃烧的合成燃料分子结构，研究可再生合成燃料的高效清洁燃烧特性，可为先进发动机的设计与优化提供指导；研究可再生合成燃料的燃烧反应动力学还将为发动机数值模拟提供必需的反应动力学机理，并为发展燃烧污染物的排放控制策略提供理论支持，通过筛选最优技术路径，提高燃烧效率和降低污染排放，实现可再生合成燃料的未来产业化应用。

17 绿色超声速民机设计技术

中文题目 绿色超声速民机设计技术

英文题目 Green Supersonic Civil Aircraft Design Technology

所属类型 工程技术难题

所属领域 工程与材料科学

所属学科 航空 航天科学技术

作者信息 徐 悦 中国航空研究院

推荐学会 中国航空学会

学会秘书 安向阳

中文关键词 航空；超声速民机；环保；设计技术

英文关键词 aviation；supersonic civil aircraft；environmentally friendly；

design technology

推 荐 专 家 甘晓华 中国工程院院士，空军研究院研究员，中国
航空学会学术工作委员会主任

王 浚 中国工程院院士，北京航空航天大学教授，
中国航空学会学术工作委员会副主任

何 友 中国工程院院士，海军航空大学教授，中国
航空学会学术工作委员会副主任

专家推荐词

该技术的问世将使高速飞行完美融入人类的生产生活，极大地缩短民航运输的时间，使国际间的经贸往来更为频繁和高效，是激发我国民用航空工业提升整体实力、赶超传统航空强国的一次重要历史机遇。

问题背景

现代民机是典型的高科技、高附加值产品，是一个国家经济、工业、科技水平和综合实力的集中体现。历经数十年的发展后，高亚声速民机设计技术已经相当成熟，在安全性、经济性、舒适性、环保性等方面均达到了很高的水平。但对于长距离航线，高亚声速民机的飞行时间较长，最高可达 15 小时以上，这是长距离航线舒适性、快捷性方面难以突破的瓶颈。相比之下，超声速民机的飞行速度大幅度提升（至少达到亚声速民机的 2 倍以上），可极大地缩短空中飞行时间，从而在很大程度上缓解上述矛盾。

第一代超声速民机"协和号"于 1976 年 1 月投入运营，是当时人类最大的技术创新和进步之一。但其在运营上有三大致命弱点：①高油耗，每年亏损 4 千万~5 千万美元左右；②地面音爆水平过强，同时起飞和进场噪声均超过美国联邦航空管理局（FAA）规定的第三阶段噪声水平；③高污染排放对臭氧层的破坏。上述问题严重削弱了其市场竞争力，导致其最终被迫退出商业运营。

自 20 世纪 90 年代以来，超声速民机的发展再次受到人们重视，并逐渐成为世界航空工业界的研究热点之一。但是，新一代超声速民机要成为现实，必须具备绿色环保的系列特征，这其中除了低阻力低油耗的常规需求外，还要保证其音爆水平降到可接受的程度，并满足日益提高的机场周边噪声标准和发动机低排放要求。而以目前世界范围内的超声速民机设计技术水平来衡量，实现经济可承受的绿色超声速飞行仍存在极大挑战。

关键突破点

针对新一代绿色超声速民机，美国、欧洲、俄罗斯、日本等纷纷提出了各自的超声速、高超声速民机概念方案，这些方案在强调传统民机安全性、舒适性、经济性等特点的同时，均把绿色环保放在至关重要的位置。以美国为代表的发达国家在低音爆、低油耗、低排放等方面进行了近70年的不懈探索，已经获得大量技术成果和经验积累，并且逐渐开始向实用领域转化，相关设计技术首先应用于体型较小、重量较轻、巡航速度较低的超声速公务上，预计最快2025年前后可以陆续交付，而较大型的超声速民机在2030年后可能投入商业运营。另外，标志性的NASA低音爆验证机X-59集成了美国近年来在低音爆设计领域的技术成果，近期将率先进入飞行验证阶段。相比之下，我国在超声速民机领域起步较晚，近年来国内尽管也开展了初步研究，但投入力度有限，超声速民机设计技术的储备非常薄弱。绿色超声速民机设计技术的挑战主要来自以下三个方面。

（1）超声速民机低阻力低音爆设计技术。民机超声速飞行时产生的音爆过强给地面带来不同程度的危害，被多国禁止在境内做商业飞行，只能执飞少数几条跨洋航线，严重削弱了其市场竞争力。因此，降低音爆是超声速民机发展必须突破的瓶颈。超声速飞机的阻力主要是摩擦阻力和波阻，低波阻设计与超声速面积率相关，摩擦阻力则取决于机体表面层流区范围，超声速层流机翼及其他部件的层流设计是十分必要的。阻力和音爆是两个既对立又统一的性能指标，需发展创新性的综合设计与评估方法，涉及高可信度音爆预测技术、超声速多学科优化设计技术、超声速层流机翼设计技术等。

（2）超声速商用航空发动机设计技术。超声速民机的动力非常关键。首先是污染排放问题，超声速民机巡航飞行在 18000 米以上的同温层，排出废气对臭氧层造成破坏；其次，起飞和进场噪声大大超出现有适航噪声标准；最后是传统涡喷、小涵道比涡扇发动机的高油耗问题。因此，需重点发展低排放、低噪声、低油耗的超声速商用航空发动机，可行的解决方案包括自适应变循环发动机技术、TBCC 组合循环发动机技术等。

（3）超声速民机结构轻量化设计技术。针对超声速民机的高油耗、航程短、载客量小等致命缺陷，除了提高发动机性能外，降低飞机结构重量是另一条可行的解决途径。因此，需发展先进的复合材料技术与制造技术，大幅降低超声速民机的重量，同时满足高马赫数的超声速飞行下结构载荷、热载荷等新的苛刻要求。目前，日本宇宙航空研究开发机构的安静型超声速飞行研究计划在结构减重方面尝试各种新技术，预计可将原超声速民机设计方案的结构重量降低 25%。

战略意义

民用航空从属于交通运输业，人员、物资和信息的高效高速运输是经济发展水平和社会运作活力的重要标志之一。更快的旅行速度是人类永恒的追求，超声速民机的问世将使高速飞行融入生产生活，大大缩短民航运输的时间，进一步带动国际间经贸往来的频率和质量向上发展，是我国民用航空工业赶超传统航空强国的一次重要历史机遇。

绿色超声速民机设计技术的突破，将带动民用航空平台及系统技术的整体性跨代发展，进一步激发民用航空工业整体实力提升，这对于我国在民机设计技术领域赶超国外先进水平、完善国产民机产品谱系、加快民机产业升级、使中国制造走向国际均具有重要的战略意义。

18 重复使用航天运输系统设计与评估技术

中文题目	重复使用航天运输系统设计与评估技术
英文题目	Design and Assessment of Reusable Space Transportation System
所属类型	工程技术难题
所属领域	可重复使用天地往返运输技术领域
所属学科	航天工程技术
作者信息	闻　悦　中国运载火箭技术研究院
	马婷婷　中国运载火箭技术研究院
	王　飞　中国运载火箭技术研究院
	蔡巧言　中国运载火箭技术研究院
	袁建宇　航天材料及工艺研究所
推荐学会	中国宇航学会
学会秘书	杨振荣　张　超
中文关键词	航天运输；重复使用；检测维护；预测与健康管理
英文关键词	space transportation；reusable；test and maintenance；prognostics and health management
推 荐 专 家	王国庆　中国运载火箭技术研究院副院长，研究员
	李　明　中国空间技术研究院副院长，研究员

专家推荐词

构建航班化运营的重复使用航天运输系统，可大幅提升我国自由进出和利用空间的能力，是深入推进航天运输技术发展、实现向航天强国迈进的重要内容，还将进一步服务国民经济建设促进航天装备体系发展。

问题背景

航天运输技术代表了一个国家自由进出空间的能力，也是开发和利用空间的基础与前提。重复使用航天运输系统是指能够实现往返于宇宙空间和地球之间，或在外层空间轨道之间飞行、执行任务后可返回地面并可以多次使用的天地往返运输系统。世界各国高度重视重复使用航天运输系统技术的发展，将其作为国家重要战略方向持续支持与发展。研发了以航天飞机为代表的一系列重复使用航天运输系统，对运载火箭重复使用、带翼返回重复使用运载器、组合动力重复使用运载器等多种技术途径开展了深入研究，获得了丰硕的研究成果，同时也经历了多次挫折，发展历程跌宕起伏。

重复使用航天运输系统设计与评估技术依托于先进动力、人工智能、超材料等前沿科学技术，实现重复使用航天运输系统在全速域、全空域的自主飞行，对进入空间、在轨飞行、返回地面等不同任务阶段的不同飞行环境具备自适应、高灵活、多次往返能力，并在返回地面后通过对系统进行快速检测维护和健康状态评估，可有效降低维修保障的时间与费用，具备航班化运营能力。

发展重复使用航天运输系统设计与评估技术，能够有力支撑未来快速进出空间、空间站建设、载人登月登火、深空探测等任务，推动未来航天运输的革命性发展，并对未来人类生活方式产生深远的影响。

关键突破点

重复使用航天运输系统作为未来先进航天运输技术的重要发展方向，依赖于先进推进技术、先进材料与制造技术等的革命性跨越，真正实现空天一体化运输和航班化运营。重复使用航天运输系统要进入实际应用，必须开展针对重复使用航天运输系统的设计与评估技术研究，多项关键技术有待于突破。

（1）重复使用设计准则与评估技术。在重复使用设计与评估方面，亟须探索建立适用于重复使用航天运输系统的设计准则和评估体系，形成评估数据库，确保各个分系统的可重复使用，并能够在两次飞行期间准确评价天地往返运输系统是否具备再次可靠完成飞行任务的能力。

（2）预测与健康管理技术。预测与健康管理技术借助智能推理算法来评估重复使用航天运输系统的自身健康状态，在故障发生前进行预测，并结合可利用的资源提供一系列的维修保障措施，最终实现重复使用航天运输系统全寿命周期健康管理。

（3）结构及热防护重复使用无损检测技术。重复使用航天运输系统飞行之后，经历复杂的热力环境，其材料性能、表面状态、结构尺寸均会发生细微的改变，与首次发射的状态存在区别。如何采用无损检测手段对不同部位、不同结构的材料进行有效检测，在此基础上评价下一次飞行的结构及热防护可靠性，直接关系到航天运输系统重复使用的成败。

（4）高精度全速域气动力/热预示技术。重复使用航天运输系统跨越从低速至高超、从地面至空间轨道的速域和空域范围，历经连续流、滑移流、过渡流和稀薄流区，涵盖了几乎所有复杂空气动力学效应以及气动多学科耦合问题，这些问题的存在及各类预示手段的自身缺陷使得气动力/

热的精确预示仍然面临着诸多世界级难题。

（5）先进火箭推进与组合推进技术。先进火箭推进与组合推进技术是航空航天技术融合发展的最高水平，利用先进材料、智能制造、大数据与故障检测等科技发展成果，将现有的火箭动力从一次性拓展到多次使用，从单一模态发展为火箭、涡轮、冲压多模态融合，是航天推进技术的重要发展方向。

战略意义

通过开展重复使用航天运输系统设计与评估技术研究，保证重复使用航天运输系统可靠、安全运行，并能够以更加经济有效的方式满足重复使用航天运输系统对于使用效能和保障能力的需求，有效提升重复使用航天运输系统的任务成功率。重复使用航天运输系统采用航班化运营的方式，多次重复使用、费用均摊，可大大降低发射费用，作为降低航天发射成本的有效途径，可实现安全、快速、机动、环保地进出空间，支撑我国航天高密度发射任务，有效服务国民经济建设，推动社会经济快速发展。

重复使用技术已经成为当今航天运输系统的热点、难点和竞争点，作为前沿技术的代表之一，国内外从未停止探索创新的步伐。航天运输系统作为航天技术发展的重要基础，发展重复使用航天运输系统设计与评估技术将有力带动先进空天动力、耐高温轻质材料、先进制造与检测、先进空气动力学等基础学科进入世界先进水平。不仅将推进航天领域的跨越式发展，而且将促进高等学校、科研院所和工业部门的联合攻关，带动我国科技创新能力的整体提升。同时，作为一个大型的航天系统工程，重复使用航天运输系统飞行试验的开展将丰富我国大型航天工程的管理经验，为年轻科技人才的锻炼成长提供十分难得的机遇，培养大批能适应未来空间需要的航天专家。

　　发展重复使用航天运输系统能够大幅提升我国自由进出空间和利用空间的能力，是深入推进航天运输技术发展、实现由航天大国向航天强国迈进的重要内容。发展重复使用航天运输系统将进一步服务民生和国民经济，具有十分广泛的应用前景和社会效益。

19 千米级深竖井全断面掘进技术

中文题目　千米级深竖井全断面掘进技术

英文题目　Full-section Tunneling Technology of Kilometer-Level Deep Shaft

所属类型　工程技术难题

所属领域　工程与材料科学

所属学科　土木建筑工程、机械工程

作者信息　刘飞香　中国铁建重工集团股份有限公司

　　　　　　梅勇兵　中国铁建重工集团股份有限公司

　　　　　　龙　斌　中国铁建重工集团股份有限公司

　　　　　　彭正阳　中国铁建重工集团股份有限公司

推荐学会　中国铁道学会

学会秘书　马成贤

中文关键词　千米级竖井；竖井掘进机；掘进技术

英文关键词　kilometer-level shaft；shaft boring machine；tunneling technology

推 荐 专 家　卢春房　中国工程院院士，中国铁道学会理事长

　　　　　　何华武　中国工程院副院长、中国科协副主席

　　　　　　郑　健　中国国家铁路集团有限公司总工程师、中国铁道学会副理事长

　　　　　　赵国堂　中国国家铁路集团有限公司科技和信息化部

主任，中国铁道学会副理事长

叶阳升　中国铁道科学研究院集团有限公司总经理、
中国铁道学会副理事长

专家推荐词

攻克深部复杂岩体高效破岩、同步支护、岩渣连续提升、姿态实时导向等关键技术，创新研制大直径深竖井全断面掘进装备，为川藏铁路、深部资源开采、深地空间开发等战略工程提供技术与装备保障，开创深竖井工程安全、优质、高效、绿色建设新模式，抢占全球深部地下空间开发领域的技术制高点，为"向地球深部进军"国家战略的实施奠定坚实的技术基础。

问题背景

在我国太空登月、7000米深海探测及1500米海洋钻井等极限目标陆续实现并继续推进的背景下，向地球深部进军是我国必须解决的战略科技问题，也是我国今后相当长一段时间内将面临的重大科学难题与技术挑战。

深部资源开发、深地空间利用及高放核废物处置等重大工程作为向地球深部进军战略的重要载体，是现阶段面临的重大现实需求，主要体现在：①在深部资源开发领域，地球内部可利用的成矿空间分布在地表到地下10000米深部，全世界最先进技术水平的勘探开采深度已达2500至4000米，而我国勘探开采能力大多不足500米，特别是我国浅埋煤矿及有色金属等资源已逐步开发殆尽，深部资源开发是我国能源战略的必然选择。②在深地空间利用方面，世界范围内包括美国、英国、日本、智利等国家建立了涉及地球物理、岩石力学、暗物质与微生物学等研究领域的多个地下实验室，最大埋深已达 2070 米，而我国地下空间有效开发深度仅达 200 米左右，严重制约了我国重大前沿理论探索与技术研究对建设地下空间实验室的迫切需求。③在高放核废物处置领域，地质深埋是目前高放核废物的最稳妥的处置方法，全球已建成的唯一一座处置库（芬兰）埋深虽然仅为 420 米，但考虑到处置库周边岩体的极高强度及稳定性，依靠现有技术手段进行处置库主通道建设及地下洞室开挖仍存在很大的不确定性。④在深埋长距离隧道领域，为了缩短工程建设周期及满足通风、物料供应等要求，长距离铁路隧道工程一般采取"长隧短打、多开支洞"的方式进行施工；支洞型式多为斜井，按照 10% 的坡度计算，平均埋深 500 米、总长度 30 千米的隧道需建设 5 条以上、单个长度约 5 千米的斜井支洞作为辅助工程，工程量巨大、建设周期长；若能够采用大断面竖井作为支洞，则将大幅度缩短建设工期、降低工程造价，特别是对隧道比例高达 85% 且以超大埋深特长隧道为主的川藏铁路安全快速施工意义重大。

作为人类进入地下深部空间的主要通道，千米级深竖井安全高效建造是上述重大工程建设的首要问题，但其面临的复杂多变地质条件、十兆帕超高泥浆压力、百兆帕极硬岩体、千米高度岩渣提升与物料输送等极端工况远远突破了现有的爆破、冻结、钻井、注浆等传统技术手段与装备所具备的能力极限，因此，千米级深竖井建造关键技术攻关及成套装备研制不仅能够满足我国地下深部空间开发建设需要，并且对于保障我国能源与国防安全、推动我国基础科学发展与前沿技术进步、促进"一带一路"沿线国家资源合作开发意义重大。

目前，竖井施工工法主要包括钻爆法和钻机法两大类。其中，钻爆法适用于井壁自稳性较好的地层，在无地下水或预先地质加固后可达到每月 100 米左右的施工进尺，技术上较为成熟，但存在施工周期长、安全风险大、作业条件差等不足；钻机法是采用钻机进行全断面或部分断面竖井开挖，钻机类型主要包括天井钻进和竖井钻机两类，均采用钻杆式驱动，最大钻进深度一般不超过 500 米，断面越大，设备适应性越差、钻进效率越低，且无法实现同步支护，特别是钻机法无法在硬岩地质条件下施工。同时，现有的竖井施工工法在富水地层施工时均需要地层冻结工艺进行辅助，大幅增加了施工成本、延长了施工工期。

近十年来，全断面掘进机法在城市地铁、水利隧洞、公路隧道、城市管廊、铁路隧道、煤矿斜井等隧道工程领域应用广泛，在隧道施工安全、效率、质量及成本等指标方面均得到行业内高度认可，高效破岩、大功率驱动、同步支护、渣料连续输送、姿态实时纠偏等关键技术日益成熟。基于竖井施工领域面临的问题，如果将刀具破岩、全断面掘进、同步支护、连续出渣等掘进机技术进行创新应用，自主研发能够适应复杂多变地层、大深度（1000 米以上）、大断面（10 米直径以上）竖井掘进装备，对于变革大断面中深竖井建井方式、大幅提升长距离深埋隧道工程建设效率、推动我国深埋资源高效开发具有重大意义。

关键突破点

目前，国内外在千米级深竖井掘进装备研发和应用方面均存在以下困难：① 掘进装备难以适应各种地层、岩性的能力，尤其是有效钻进各种硬岩层的能力；② 掘进装备种类和型式过于单一，主要以钻杆式竖井钻机为主，钻进深度浅，难以满足需求；③ 破岩机理、刀具材料、排渣方法、设备可靠性、自动控制等深竖井全断面掘进的核心技术尚未成熟。须突破的关键点主要有以下几方面。

1. 基础理论与试验类

（1）开挖系统与岩土耦合作用机理。构建基于不同地层下刀具切削机理的开挖系统刀具载荷预测精准模型，获取刀具磨损机理并建立复杂地层下刀具磨损预测模型；提出地层强适应性刀群布置方法，建立开挖系统非线性动力学模型，揭示开挖系统载荷响应特征，提出开挖系统设计理论方法。

（2）岩渣高效输送机理与出渣系统设计理论。基于流态化输送方法，研究岩渣输送过程中管道内固－液－气等多相流耦合作用机理，构建输送管道压力损失理论模型；获取不同岩渣形式、输送参数、管道结构下的管道磨损机理，搭建不同区域管道磨损预测模型。研究竖直长距离输送方式的管道法兰、支吊架受载特征，建立长距离输送管道动力学响应模型，提出竖直长距离输送管道结构、管道组合、管道布置设计理论方法。

（3）大功率动力系统结构设计及载荷传递规律。针对井下强冲击、大载荷极端工况，设计新型大功率动力传递系统，建立传动系统动力学模型并揭示其载荷传递规律，提出动力系统稳定性评价方法，优化传动系统结构。

（4）大尺寸超高压回转密封及散热系统设计。搭建深竖井极端环境下的掘进装备密封系统模拟测试平台，建立考虑温度、浆液压力等多因素的大尺寸回转密封系统结构模型，揭示密封系统形、性变化规律，提出新型超大尺寸高压回转密封系统设计方法，基于密封系统热流场变化规律，开发适用于深井环境的高性能散热系统。

（5）地质与掘进状态精准监测。研究极端环境下地质信息与装备状态在线监测原理，揭示超深、地热、水压及泥浆等多因素耦合干扰下，监测信息精度影响规律，提出极端恶劣环境下高可靠性、高精度信号采集与传输系统设计方法与多传感器优化布局方法，实现地质与深竖井掘进装备状态在线感知。

（6）位姿与导向控制技术。研究深井掘进装备极端环境下位姿与导向控制原理，建立支撑－推进－换步系统多约束位姿耦合控制模型与调向控制方法，结合地质监测信息，提出位姿与导向控制方法，最终建立管控一体化信息集成深竖井掘进装备控制系统。

2. 技术开发与装备研制类

（1）超大竖井井壁围岩扰动机制及结构稳定性控制技术。深竖井全断面掘进与传统的水平掘进相比，需要穿越不同的历史过程形成的地层和原始应力场，地层岩性、地层节理裂隙、节理结构特征、原始应力场特征变异性大。因此，需要构建岩体随机裂隙网络生成模式，分析竖井开挖围岩收敛特性、损伤破裂区发展规律，探明不同深度地层与井壁结构的相互作用机制，提出竖井结构稳定性控制方法。

（2）大断面竖井岩渣收集、垂直连续出渣技术。针对深竖井底部在全断面连续开挖时易产生大量岩渣堆积的问题，须研究底部集渣和垂直出渣的竖井排渣方法，优化排渣结构参数和工艺；研究垂直出渣装置的运行动态特性，创新竖向皮带延伸方式，开发新型垂直皮带存储装置；研究长距离垂直皮带机下延张紧力适应性控制技术和驱动技术。

（3）超大功率竖井掘进装备高可靠性动力系统运行技术。针对大断面竖井掘进硬岩地层时产生的强冲击、大负载，现有钻井设备动力传递方式已无法满足顺利掘进要求；强振动、高地热及高压泥浆环境对动力系统的大尺寸回转密封系统可靠性要求极高，难以实现长寿命、高性能稳健服役。

（4）超大直径竖井掘进机刀盘设计与制造技术。针对超大断面竖井开挖时的高破岩载荷等问题，研究基于自由面破岩原理的分级刀盘开挖特性，创新设计刀盘结构及破岩刀具发布方式、制造工艺，实现超大断面竖井全断面高效开挖。

（5）深竖井掘进装备状态监控及控制技术。深竖井全断面掘进作业时，将面临设备状态监测困难、信号传输可靠性低，直接影响着成井效率与质量；同时，由于装备位姿与垂直导向控制技术尚未攻克，难以实现深井轨迹精准控制。

（6）井壁变形监测与衬砌同步下沉技术。同步衬砌（预制钢筋混凝土管片）是全断面竖井掘进的重要特征，也是确保工程安全和质量的重要技术手段，考虑到不同深度竖井井壁载荷的变化，须研究井壁荷载特性、岩体变形规律、初始井壁和支护管片之间的力学作用机理，确定井壁安全变形量，研发井壁及管片结构变形监测系统及防控技术；研发超大吨位管片多点悬吊系统，建立力–位移控制模型，开发高精度管片同步下沉控制技术与装备。

战略意义

创新研制全地层深竖井掘进装备，为川藏铁路、深埋地下资源高效开发等战略工程实施提供装备与技术保障。革新深竖井建设施工技术，引领千米级深竖井施工技术发展。抢占深部地下空间开发领域的全球技术制高点。

② 海洋天然气水合物和油气一体化勘探开发机理和关键工程技术

中文题目　海洋天然气水合物和油气一体化勘探开发机理和关键工程技术

英文题目　Mechanism and Key Technology of Integrated Exploration & Production of Offshore Natural Gas Hydrate and Oil & Gas

所属类型　工程技术难题

所属领域　能源

所属学科　能源科学技术

作者信息　李清平　中海油研究总院有限责任公司

　　　　　　李　中　中海石油（中国）有限公司湛江分公司

　　　　　　刘书杰　中海油研究总院有限责任公司

　　　　　　冒加友　中海石油（中国）有限公司深圳分公司

推荐学会　中国能源研究会

学会秘书　申志铎

中文关键词　海洋天然气水合物；一体化勘探与开发工程

英文关键词　offshore natural gas hydrate；integrated exploration & production

推 荐 专 家　韩景宽　中国石油规划总院院长

　　　　　　李根生　中国工程院院士，中国石油大学副校长

专家推荐词

基于我国海域天然气水合物和常规油气赋存区域的空间耦合关系，重点攻克海域天然气水合物和常规油气综合探测机理、海底表层及中深层天然气水合物和深部油气资源的一体化开发机制和核心技术装备，从而实现海域天然气水合物、浅层气和深部油气的立体开发，可极大提升我国海域天然气资源的综合开发能力，对保障国家能源安全具有重要的战略意义。

问题背景

天然气水合物俗称"可燃冰"，是天然气和水在低温高压条件下形成的一种结晶状笼型化合物，主要分布于水深大于 300 米的海洋及陆地永久冻土带，具有分布广、密度高、资源潜力巨大等特点。据估算，其资源量是其他已知化石能源的 2 倍，其中海洋天然气水合物资源量占水合物总资源量的 97%，因此天然气水合物特别是海洋天然气水合物有可能成为页岩气、煤层气之后又一储量巨大的接替能源。我国南海蕴藏着丰富的油气资源和天然气水合物资源，其中油气资源总量约 350 亿吨油当量，约占全国油气总资源量的 1/3；天然气水合物资源量约 800 亿吨油当量，因此南海是我国能源可持续发展的重要战略领域；我国南海已圈定南海东沙、神狐、西沙、琼东南等 11 个天然气水合物远景资源区，确定两个亿吨级潜力区。2017 年，我国成为继日本之后成功进行海域天然气水合物试采的第二个国家，然而，制约天然气水合物开发的环境安全、设备安全、生产控制安全等并未根本突破，同时其技术经济可采关键技术还需不断摸索。根据国务院贺电精神，海域天然气水合物试采只是万里长征第一步，需加快培育具有自主知识产权的技术，积极推进试采工程，稳步推进海域天然气水合物产业化进程。启动海洋天然气水合物和油气资源一体化勘探开发是保障我国天然气绿色能源可持续供给的重要战略布局，直接关系到我国经济、社会的可持续发展，战略意义重大。

关键突破点

海域天然气水合物和油气立体勘探、储层描述方面主要突破以下关键技术：① 南海天然气水合物和油气共存的成藏机理。我国南海为薄地壳、高热流，天然气水合物埋深浅、弱胶，天然气水合物成因尚未定论；生物成因、热成因与其浅部、深部油气纵向、横向相关性；烃源、流体运移、构造、储层及温压等与天然气水合物成藏机制相关性等。② 海域天然气水合物目标勘探和甜点识别，包括海域水合物高精度地震采集、处理方法；扩散性、渗漏型等多类型水合物的特征识别；天然气水合物赋存状态与物性响应耦合机制等。③ 天然气水合物储层描述方法。南海天然气水合物多为泥质粉砂、弱胶结、低渗等，无致密盖层，传统孔、渗、饱等不适应水合物储层的描述。

海域天然气水合物和油气合采主要突破以下关键技术：① 储层重塑和多尺度开采模拟中相似性准则。如何准确模拟水合物在地下赋存状态、微观和宏观模拟与实际储层物理、几何等相似性目前还没有准确定义。② 多类型水合物安全高效的开采工艺。目前水合物仅仅进行了试采技术验证存在产量低、不能持续生产问题，长期开发的安全性、规模开发的技术、经济可行性及三大安全问题未根本突破。③ 深水浅层钻完井关键技术。海底浅层压力窗口窄、泥质粉砂，防砂难，井壁失稳等风险；浅层水平井等可实现较大储层暴露面积，但弱胶结地层水平、分支井钻探工艺尚在探索。④ 连续排采和流动安全保障技术。储层内水合物分解吸热、深水海底温度低，面临漏失、垮塌等井壁失稳、砂堵、冰堵、水合物二次生成、排水采气等流动保障技术挑战，这些问题也同样困扰深水油气田的生产运行。

海域天然气水合物风险评价主要突破以下关键技术：① 水合物分解过程力学特征及变形机制。水合物为沉积骨骼的一部分，分解过程中分解为水和气，潜在高孔隙压力，其蠕变过程难以精准描述。② 天然气水合物分解过程中监测及稳定性评价。沉积层内气、水、水合物、冰多相、多组分传热、渗流机制无可借用的理论、实践，失稳判断需要相应的特征值或条件。③ 天然气水合物环境风险效应综合评价。天然气水合物沉积层及上下关联地层相互影响，浅层天然气水合物分解与滑塌相关性分析、浅层天然气水合物无序分解与温室效应相关性等需要深入研究。

海洋天然气水合物和油气一体化开发工程需突破以下关键设备和软件：浅层智能水平井钻井机具、井下排采装备、水下测试树、开采过程流动安全保障安全监测系统、紧急解脱及应急装备、开采模拟和流动模拟分析方法。

战略意义

（1）我国海域天然气水合物资源前景广阔，是我国能源可持续发展的重要领域，也是我国天然气绿色能源可持续发展的重要领域，对保障国家能源安全具有重要的战略意义。

（2）安全、高效的天然气水合物开发技术、工艺和装备是世界科技创新的前沿，海洋天然气水合物和天然气的一体化开发是有效降低成本、实现天然气绿色能源可持续供给的有效途径。

（3）海域天然气水合物和油气一体化安全高效开发是世界科技创新的前沿领域，涉及多学科交叉，对我国占据世界科技前沿、实现相关领域基础研究和颠覆性技术突破具有重大科学意义。